KB100395

나무

CEDRIC GROLET

영감의 원천

과일

세드릭 그롤레 **과일** 디저트

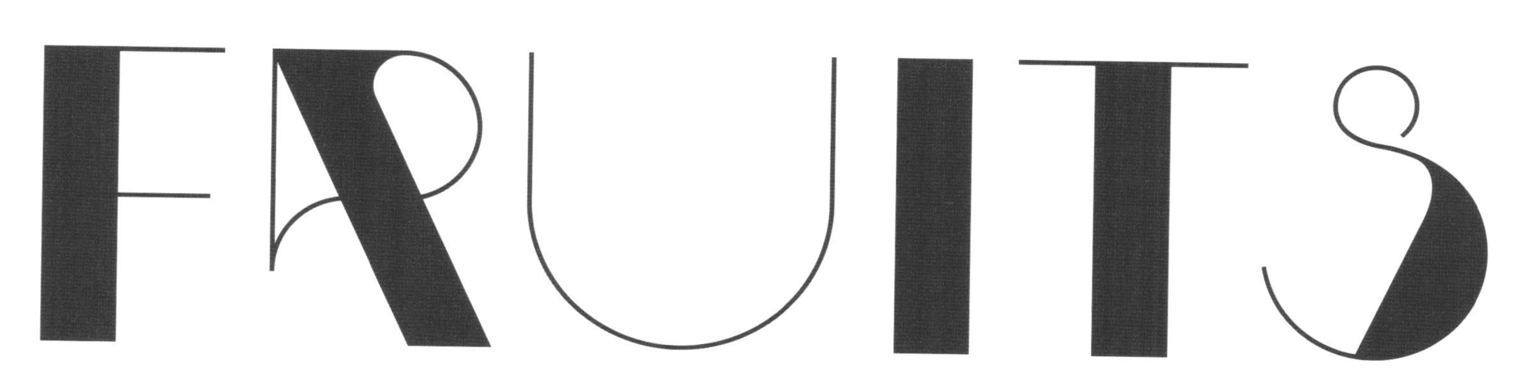

번역 **강현정**

자문 조은정

CITRON MACARON

The Kitchen

이 지면을 빌려 세드릭 그롤레에게 아낌없는 찬사를 보내고 싶다. 실력으로 인정받고 오늘날 독보적인 최고의 자리에 오르기까지 인생의 반을 열심히 달려온 이 삼십 대 젊은이에게 해줄 칭찬은 한둘이 아니다. 혹시 내게 선입관이나 편견이 있다는 의심을 받을지도 모르겠다. 왜냐면 세드릭은 내가 총괄하는 르 뫼리스 호텔 레스토랑의 셰프 파티시에이기 때문이다. 또 미식가 독자들에게 미리 말해둘 한 가지 사실은 이 책에 소개된 디저트 레시피들은 보기에만 아름다운 것이 아니라 맛도 아주 훌륭하다는 것이다. 나는 이 디저트들을 전부 맛보았기에 자신 있게 말할 수 있다. 하나하나가 모두 완벽한 정확함으로 나를 사로잡았다. 독자들도 모두 이 맛있는 놀라움을 경험해보시기를 기대한다.

내가 말하고 싶은 가장 중요한 한 가지는 바로 파티시에라는 직업에 대한 세드릭 그롤레의 놀라운 비전이다.

세드릭은 두 가지의 엄격한 기준에 따라 일한다. 우선 그는 단순함을 추구한다. 우리는 이것이 얼마나 다다르기 어려운 목표인지 잘 알고 있다. 왜냐면 완벽한 단순함을 위해서는 부수적 장치나 지원 요소 등을 모두 포기하고 불필요한 곁가지들은 전부 쳐내서 궁극의 본질만을 남겨야 하기 때문이다. 또 한 가지 그가 집착하는 것은 자연에서 얻는 영감이다. 파티스리 분야에서 이런 시도는 새 지평을 열었고, 이 경향은 앞으로도 지속될 것이다. 우리는 레몬 하나를 선택하는 데도 그 산도와 텍스처가 자신이 염두에 둔 디저트에 가장 적합한지를 까다롭게 따지고 고르는 그의 행동에 주목하고, 크림을 선택할 때도 만들려는 디저트에 따라 여러 생산자의 제품을 꼼꼼히 비교해서 가장 정확한 제품을 고르는 그의 태도를 눈여겨볼 필요가 있다. 디저트를 만들 때 재료를 가장 중요시하는 것은 근본적인 관점의 변화를 불러왔고, 이를 계기로 파티스리를 실현하는 과정을 새롭게 규정하게 되었다. 세드릭 이전에 어떤 파티시에도 졸이기, 농축하기, 로스터리 등 요리사 영역의 테크닉을 이토록 영리하게 차용한 적이 없었다.

이 책은 파티스리 분야의 한 획이 될 것이다.

알랭 뒤카스

CEDRIC GROLET

세드릭 그롤레

고객들이 내게 "왜 하필이면 과일인가?"라고 물으면 나는 이 선택이 우선 어릴 때부터 부모님에게서 받은 아주 단순한 교육에서 비롯했다고 대답한다. 학교에 다닐 때 나는 나무에서 딴 과일을 간식으로 먹었다. 이것이 내가 과일을 만나게 된 사연의 전부다.

이 책에서 내가 가장 중요하게 생각하는 것은 파티스리에서 과일이 갖는 중요성과 그것의 엄청난 역할에 관해 이야기하는 일이다. 프랑스에서 생산되었든 다른 나라에서 생산되었든 세상의 모든 과일이 그렇다. 나는 늘 어떻게 하면 과일을 가장 잘 활용해서 그 가치를 빛낼지 고민한다. 그러려면 모든 과일은 각기 독특한 개성이 있으므로 저마다의 고유한 방법으로 그 풍미를 부각해야 한다는 점을 늘 기억해야 한다. 예를 들어 감귤류는 생과일로 신선하게 조합될 때 그 매력을 가장 잘 발산하는 반면, 딸기는 따뜻하게 데운 상태에서 약간의 설탕과 올리브오일을 두른 간단한 조리법으로 그 맛을 제일 잘 살릴 수 있다.

이 책은 특별한 계층의 독자만을 위한 것이 아니다. 제과제빵 전문가뿐 아니라 취미로 파티스리를 자주 만드는 노련한 고수들, 혹은 단순한 디저트 애호가들도 나의 레시피를 한두 가지 정도는 직접 만들어보셨으면 좋겠다. 이 책에는 가정에서 비교적 짧은 시간에 쉽게 만들 수 있는 각종 과일 타르트, 쿠키, 플레이팅 디저트의 레시피가 많이 소개되었다. 반면에 과일 모형을 본떠 만드는 디저트는 정확하게 들어맞는 규격의 틀에 의지하지 않고 조각하듯이 모양을 만들어야 하는 작업이어서 다소 높은 난도의 기술과 숙련도가 필요하니 가정에서 만들기는 좀 어려울 수 있다. 각자 본인의 상황에 적합한 레시피를 선택하실 수 있으리라 믿는다.

일반적으로 나는 단순한 것을 만들고 또 그것에 관해 이야기하기를 좋아한다. 이런 맥락에서 과일도 내게 딱 맞는 주제인 데다 다행히 많은 이가 과일을 좋아한다. 중요한 것은 사람들이 자기가 먹는 것이 무엇인지를 올바로 이해해야 한다는 사실이다. 그래서 나는 가장 훌륭한 상태의 과일을 고르는 데 많은 시간을 보낸다. 이 과일은 그대로 먹을 때 맛있을까? 잘 익었을까? 제철 과일인가? 과일의 특성을 존중하는 것이 맛있는 디저트를 만드는 첫 번째 조건이다. 그 다음에는 그 과일의 개성을 돋보이게 할 맛내기 레시피를 만들어내려고 애쓰고, 마지막 단계는 실제로 감동을 주어 기억에 남을 만한 디저트가 되도록 완성도를 높이는 과제를 실현하는 것이다. 어떤 과일은 그냥 먹어도 아주 맛있지만, 그 맛을 농축하거나 본연의 맛으로 졸였을 때 더 맛있다. 물론 나는 디저트를 만들 때 각 과일의 고유한 맛을 최대한 살리지만, 그냥 먹을 때보다 더 맛있게 되어야만 진정으로 만족한다.

나는 어느 과일에 관해서든 몇 시간이고 이야기할 수 있다!

세드릭 그롤레의 인스타그램 계정 @cedricgrolet 에서 그의 디저트를 감상하실 수 있습니다.
해시태그 #cedricgrolet #CGfruits 로 사진을 공유해주세요.

내가 파티스리에 처음 눈을 뜬 것은 열세 살 때 할아버지 곁에서였다. 할아버지는 큰 호텔 소유자였고, 그곳에서 직접 요리하셨다. 나의 관심을 끈 것은 달콤한 맛이었다. 그렇게 나는 열네 살 때 파티스리 첫 단계를 시작했고 2년간의 CAP* 파티스리 과정을 마쳤다. 학생 시절 나는 자리에 진득하게 앉아 있지 못하는 아이였다. 하지만 파티스리는 성장하는 내게 자신감을 불어넣어 주었고 미래를 향해 날개를 펼치게 해주었다. 이러한 발전과 성장은 중단 없이 계속되었다. 여러 차례 경연대회에 참가한 경험을 통해 동기를 부여받은 나는 이생조(Yssingeaux)의 국립 제과제빵학교(ENSP)에서 직업기술자격(BTM) 과정을 2년간 더 공부하기로 했다. 그 이후 더 큰 도약을 위한 순간이 찾아왔다. 용기를 내어 파리로 올라가 과연 내가 성공할 수 있을지 시험해보고 싶었다. 유명한 파티스리 거장들을 만나 한 단계 더 높이 오르고 싶었다. 이 여정의 시발점이 된 곳은 다름 아닌 이 분야의 상징이라 할 수 있는 포숑(Fauchon)이었다. 이곳에서 나는 세 명의 기라성 같은 파티스리 셰프들을 거치면서 끊임없이 배우고 익히고 발전했다. 셰프들은 각각 자기만의 방식으로 내 요리 철학에 지대한 영향을 미쳤다. 크리스토프 아당(Christophe Adam)은 창의성을, 브누아 쿠브랑(Benoît Couvrand)은 구성의 중요성을, 크리스토프 아페르(Christophe Appert)는 역동적인 활력을 내게 일깨워주었다.

그들은 어린 파티시에를 기르는 심정으로 나를 지도했고, 나는 내가 배치되었던 여러 분야에 진정으로 애착을 느끼며 열심히 따라갔다. 이러한 기회를 통해서 나는 엄청난 양의 다양한 디저트를 만들어볼 수 있었을 뿐 아니라 세계 여러 나라를 여행하며 알차게 실력을 쌓았다. 그렇게 5년이 지나자 해야 할 일을 다했다는 생각이 들었고 이제 새로운 세계를 향해 날아야 할 때가 왔다고 판단했다. 그래서 스물다섯 살이 되던 해에 르 뫼리스(Le Meurice) 호텔의 야닉 알레노(Yannick Alléno) 셰프와 카미유 르세크(Camille Lesecq) 셰프 팀에 합류했다. 이곳에서 나는 마치 따귀라도 맞은 듯 충격을 받았다. 완벽함을 향한 까다로움과 엄격함의 수준이 비교할 수 없을 만큼 높았기에 나는 당황해 어쩔 줄 몰랐다. 맛이라는 것을 완벽히 이해하지 않으면 안 된다는 것을 절실히 느꼈고, 알레노 셰프와 르세크 셰프도 나를 적극 지지해주었다. 2012년 이들이 뫼리스를 떠나자 내가 셰프 파티시에 자리를 맡게 되었다. 바로 이때 알랭 뒤카스(Alain Ducasse) 셰프가 그의 오른팔 크리스토프 생타뉴(Christophe Saintagne) 셰프를 대동하고 뫼리스에 입성했는데, 이 계기는 파티시에로서의 내 여정에 결정적인 전환점이 되었다. 처음에는 적응하기가 쉽지 않았지만, 존재감이 압도적인 위대한 셰프 알랭 뒤카스는 내 성공의 열쇠를 쥐고 있었다. 그는 엄격하고 단호하며 정확했다. 그는 내게 "보기에 예쁜 것만을 만들려고 하지 말고 맛에 중점을 두고 작업해보게."라고 말했다. 주방을 책임지고 있던 크리스토프 생타뉴 셰프의 도움을 받아 꼬박 1년이라는 세월을 맛의 문제를 고민하며 보냈다. 이것은 지금까지의 내 경력에 가장 큰 힘이 되었다. 생타뉴 셰프는 날마다 내게 풍미, 간하기, 참신하고 과감한 시도, 조합, 텍스처 등에 관해 이야기해주었다. 그는 내가 이것들을 잘 이해하게 되었을 때 안심하고 나를 놓아주었다. 그가 뫼리스 호텔을 떠날 때 나는 몹시 슬펐다. 왜냐면 이미 우리 둘은 호흡이 아주 잘 맞는 파트너가 되어 있었기 때문이다. 다행히 그의 후임자로 온 조슬랭 에를랑(Jocelyn Herland) 셰프와도 멋진 균형을 이룰 수 있었다.

이제 나는 직접 알랭 뒤카스 셰프와 함께 일한다. 그는 나를 잘 알고 존중해주며 자유롭게

* CAP(Certificat d'Aptitude Professionnelle) : 직업 적성 자격증
* BTM(Brevet Technique des Métiers) : 직업 기술 자격증

작업하도록 배려해준다. 하루도 빠짐없이 내가 무엇을 하는지 궁금해하는데, 이러한 관심은 내가 새롭고 과감한 시도를 하면서 더욱 완벽한 디저트를 만드는 데 큰 자극제가 된다. 나는 이 셰프의 놀라운 선견지명에 감탄하고 그를 존경하며, 그와 인연을 맺게 되어 대단히 운이 좋다고 생각한다. 내가 여기까지 온 것은 실제로 나와 함께한 동료가 없었다면 불가능했을 것이다. 그들은 언제나 남들과 함께 협력하는 법을 가르쳐주었다. 내 뒤에는 내가 완벽한 디저트를 만들 수 있게 열심히 일하고 지원하는 훌륭한 팀이 있고, 특히 수셰프 요한 카롱(Yohann Caron)과 티보 오샤르(Thibault Hauchard)는 나를 실질적으로 가장 많이 도와주고 있다. 나는 이 훌륭한 파티시에들에게 더 많은 자유를 주려고 한다. 내가 새로운 메뉴 개발에 오롯이 전념할 수 있는 것도 이들 덕분이다. 현재 내 철학은 단순하다. 조금 뒤로 물러서서 더 많이 그려보고, 더 많이 심사숙고해야 한다고 믿는다. 계절에 대해, 디저트의 형태에 대해, 과감한 시도에 대해 많이 생각한 뒤에 이를 바탕으로 나만의 개성 있는 디저트 콘셉트를 포착하고 고안한다. 그 다음은 동료 셰프들이 내 설명을 듣고 바통을 이어받아 그들 나름대로 각기 다른 디저트를 만들어 시식한다. 이처럼 많은 디저트를 테이스팅하지만, 매번 주로 배가 고프지 않을 때 새로운 맛을 받아들일 준비가 된 상태로 임하는 편이다. 시식한 디저트들이 완벽하게 마음에 들지 않으면 셰프들에게 다시 만들어보게 한다. 그렇게 좋은 맛을 찾아냈을 때만 비로소 어떤 모양의 디저트를 만들 것인지 고민하기 시작한다. 그다음 이러한 요소와 과정들이 모두 완벽하게 합을 이루어 준비되어야만 비로소 새로운 디저트가 메뉴에 오르게 된다. 또 하나의 나의 습관은 고객의 반응에 주목하는 것이다. 그들의 피드백을 통해 내 입맛의 범위는 확대된다.

내 목표는 알랭 뒤카스 셰프가 그랬듯이 여행을 통해 내 파티스리 세계를 더욱 풍성하게 만드는 것이다. 지금도 전 세계를 다니며 내 노하우와 기술을 전수하는데 이것은 너무도 매력적인 일이다. 나라마다 사람들이 내게 묻는 질문은 다르다. 그들의 문화와 맛의 취향이 다르니 당연한 일이다. 디저트에 대한 사람들의 반응도 같은 경우가 거의 없다. 이러한 다양한 경험이 나를 더욱 성장시킨다.

내 꿈이었고 첫 작품이기도 한 이 책은 이러한 의미에서 아주 중요하다. 내 디저트들을 모두 평면에 놓고 한 걸음 물러서서 바라보면, 더 완벽해지기 위해 무엇을 더 해야 할지 생각하게 된다. 이것은 한 걸음 더 올라야 하는 새 계단처럼 느껴진다. 문제가 무엇인지 알려고 늘 고민하고, 개선하려고 노력해야 한다. 하긴 파티스리라는 것은 늘 재검토하고 발전시키는 것이 아니었던가? 오늘 마음에 들었다면 내일은 더 만족스러워야 할 테니 말이다.

세드릭 그롤레 경력 및 수상

2000 파티스리 CAP (직업 적성 자격증) 과정 시작

2006 포숑 (Fauchon)에 신입 파티시에 (commis pâtissier)로 입사

2011 르 뫼리스 호텔 (Hôtel Le Meurice) 파티스리 수셰프

2013 르 뫼리스 호텔 셰프 파티시에

2015 르 셰프 (Le Chef) 매거진이 선정한 올해의 셰프 파티시에

2016 레 를레 데세르 (Les Relais desserts)가 선정한 올해의 셰프 파티시에 상 수상 (Prix d'excellence du chef pâtissier)

2016 레 토크 블랑슈 (Les Toques blanches)가 선정한 최우수 셰프 파티시에 상 수상 (Trophée du chef pâtissier)

2017 옴니보어 (Omnivore)가 선정한 올해의 셰프 파티시에 상 수상

감귤류
JAMES

감귤류

베르가모트
BERGAMOTE

계절
1월, 2월

고르는 요령
과피가 매끈하고
갈색 얼룩이나 상처가 없는 것을 고른다.

평균 중량
90~180g

보관
상온에서 1주일,
냉장고 야채 칸에서 2주일 정도.

어울리는 재료
미라벨 자두, 프로마주 블랑, 라즈베리

레몬
CITRON JAUNE

계절
연중 내내(재배 장소에 따라)

고르는 요령
유기농 또는 비처리 레몬*을 고르는 게 좋다.
과피가 윤기나는 노란색을 띠며, 단단하고
무거운 것을 고른다.

평균 중량
120g

보관
상온에서 8일, 냉장고 야채 칸에서 10일 정도

어울리는 재료
후추, 꿀, 버베나

* citron non traité 수확 이후 어떠한 처리 작업을 하지 않은 것.

블랙 레몬
CITRON NOIR

재료
라임을 검은색으로 변할 때까지
건조시킨 것을 말한다.

보관
건조한 곳에 두거나
밀폐 용기에 넣어 보관한다.

어울리는 재료
복숭아, 티무트 후추*, 딸기

라임
CITRON VERT

계절
연중 내내(재배 장소에 따라)

고르는 요령
열매가 단단하고 껍질이 윤기나며
선명한 녹색을 띠는 것이 좋다.

평균 중량
100g

보관
냉장고 야채 칸에서 15일 정도

어울리는 재료
타라곤, 시소(차조기 잎), 민트

* Timut pepper, poivre Timut (*zanthoxylum armatum*) : 네팔 등지에서 재배되는 후추 열매로 자몽, 패션푸르트의 향이 나며, 스추안페퍼와 같이 혀가 얼얼한 느낌을 준다. 특유의 시트러스 향으로 해산물은 물론이고 육류 요리나 과일 및 초콜릿 디저트와도 잘 어울린다.

클레망틴
CLÉMENTINE

계절
11월~1월

고르는 요령
선명하고 짙은 색 이외에도
열매의 단단한 정도와 향을 확인하고 구입한다.

평균 중량
70g

보관
상온에서 6일, 냉장고 야채 칸에서 10일 정도

어울리는 재료
초콜릿, 유럽 모과*, 호두

금귤
KUMQUAT

계절
11월, 12월

고르는 요령
윤기나는 노란색을 띠고, 표면에 얼룩이 없으며
만져서 탄력이 느껴지는 것이 좋다.

평균 중량
15g

보관
상온에서 4일, 냉장고 야채 칸에서
2~3주일 정도

어울리는 재료
라임, 계피, 후추

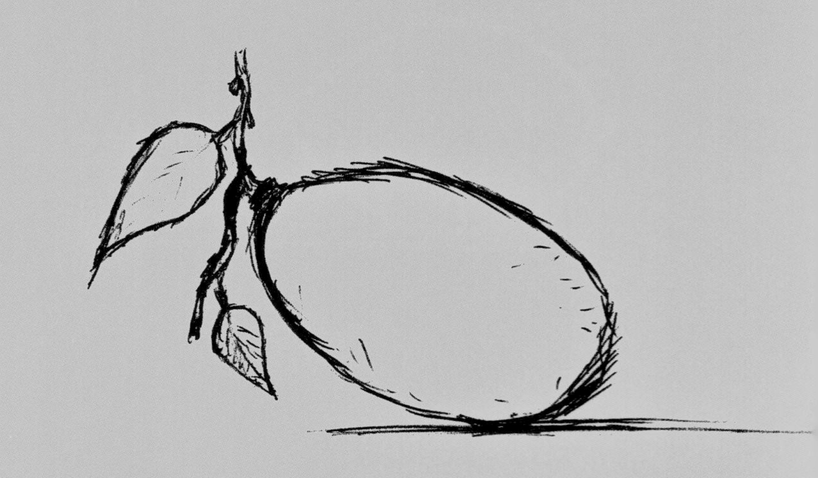

* quince (*Cydonia oblonga*) : 유럽 모과, 털모과. 마르멜로(marmelo)라고도 부르며, 프랑스어로는 쿠엥(coing)이다.

오렌지
ORANGE

계절
11월~4월

고르는 요령
선명하고 짙은 색 이외에도 열매의 단단한 정도를 확인하고 구입한다.

평균 중량
200g

보관
상온에서 1주일,
냉장고 야채 칸에서 10일 정도

어울리는 재료
초콜릿, 팔각, 키르슈*

자몽, 그레이프푸르트
PAMPLEMOUSSE

계절
연중 내내 (재배 장소에 따라)

고르는 요령
열매가 단단하고 묵직하며, 과피는 매끈하고 윤기나는 것이 좋다.

평균 중량
400g

보관
상온에서 10일, 냉장고 야채 칸에서 8일 정도

어울리는 재료
럼, 보드카, 배, 프로마주 블랑

*kirsch, kirschwasser : 체리를 발효시킨 후 증류해 만든 브랜디.

준비 : 2 시간 30 분

조형물 10 개 분량

조리 : 10 분

휴지 : 1 시간 50 분

베르가모트 조약돌 케이크

비스퀴 조콩드
달걀 225g
슈거파우더 170g
아몬드 가루 170g
밀가루 45g
버터 35g
달걀흰자 150g
설탕 25g

베르가모트 마멀레이드 인서트
물 80g
베르가모트 즙 230g
설탕 15g
한천 8g
생 베르가모트 170g
얼그레이 티 15g

레몬 치즈케이크
필라델피아 크림치즈® 160g
무지방 프로마주 블랑 120g
설탕 40g
레몬 즙 25g
레몬 제스트 4개분
올리브오일 50g

금색 펄 코팅
물 250g
글루코즈 시럽 (물엿) 25g
금색 펄 파우더 2.5g
설탕 75g
카파형 카라지난 2.5g

노란색 코팅
화이트 커버처 초콜릿 (ivoire) 200g
카카오 버터 200g
지용성 식용색소 (노랑) 4g

셰프의 팁
조약돌 모양을 성형할 때 조리용 장갑을 착용한다.

비스퀴 조콩드, 스펀지 시트
BISCUIT JOCONDE

오븐을 180℃로 예열한다. 전동 스탠드 믹서 볼에 달걀, 슈거파우더, 아몬드 가루를 넣고 와이어 휩 (거품기)을 돌려 섞는다. 밀가루를 넣고 섞은 뒤 이어서 녹인 버터를 넣는다. 덜어내어 보관한다. 믹싱볼에 달걀흰자를 넣고 와이어 휩을 돌려 거품을 낸다. 설탕을 넣어가며 단단하게 거품을 올린다. 거품 낸 달걀흰자를 첫 번째 혼합물에 넣고 섞은 다음 베이킹 팬에 넓게 펴준다. 오븐에서 6분간 구워낸다. 스펀지 시트를 오븐에서 꺼내 식힌 뒤 30 x 40cm 크기의 사각 프레임에 맞춰 잘라 넣는다.

베르가모트 마멀레이드 인서트
INSERT MARMELADE BERGAMOTE

소스팬에 물과 베르가모트 즙을 넣고 가열한다. 여기에 설탕과 한천가루를 섞어 넣고 약 2분간 끓인 다음 바로 냉동실에 20분간 넣어 식힌다. 식어 젤화된 혼합물을 핸드블렌더로 갈아준다. 이때 가능한 한 공기가 주입되지 않도록 주의한다. 생 베르가모트 과육 세그먼트를 작게 잘라 혼합물에 넣는다. 잘게 다진 얼그레이 찻잎도 넣어준다. 완성된 이 마멀레이드를 스펀지 시트 위에 부어 펴 바른 다음 냉동실에 30분간 넣어둔다.

레몬 치즈케이크
CHEESECAKE CITRON

크림치즈와 프로마주 블랑, 설탕, 레몬 즙과 레몬 제스트, 올리브오일을 모두 혼합한다. 마멀레이드를 바른 스펀지 위에 혼합물을 덜어 넣고 스패출러로 매끈하게 펴 바른다. 냉동실에 1시간 넣어둔 다음 꺼내어 원형 커터를 사용해 지름 10cm짜리 10개, 지름 4cm짜리 10개를 각각 찍어낸다. 칼로 모서리를 잘라내거나 손으로 만져서 최대한 자연스러운 조약돌 모양을 만들어준다.

금색 펄 코팅
KAPPA SCINTILLANT OR

물, 물엿, 금색 펄 파우더를 함께 데운다. 설탕과 카파형 카라지난을 섞은 뒤 따뜻해진 첫 번째 혼합물에 넣고 섞는다. 끓기 시작하면 바로 불에서 내린 뒤 잠시 그대로 둔다. 볼에 덜어 담고, 그 볼을 끓는 물이 담긴 냄비 위에 중탕으로 올린 뒤, 표면에 막이 생기지 않도록 잘 저어가며 식어 굳은 혼합물을 녹여준다.

코팅 및 마무리 완성하기
ENROBAGE, MONTAGE ET FINITIONS

노란색 코팅 혼합물을 만든다 (p.317 설명 참조). 25℃의 코팅 혼합물로 조약돌 케이크를 완전히 덮어 씌워준다. 1분이 지난 후, 55~60℃의 카라지난 펄 코팅 혼합물에 담가 글라사주를 입힌다.

GALETS BERGAMOTE

* 베르가모트 (*citrus bergamia*) : 비터 오렌지와 만다린 귤의 교잡종. 주로 이탈리아에서 생산되며 에센스 오일을 채취해 향료로 쓰거나 얼 그레이 홍차에 향을 더하는 데 사용한다.

베르가모트 마들렌

버터 125g
꿀 (miel Béton®) 18g
달걀 87g
우유 37g
설탕 80g
베르가모트 제스트 2개분
얼그레이 티 2.5g
밀가루 (T45*) 125g
베이킹파우더 6g

오븐을 200°C로 예열한다. 소스팬에 버터를 넣고 갈색이 나기 시작할 때까지 가열한다 (beurre noisette). 불에서 내리고 꿀을 넣어 녹인다. 볼에 상온의 달걀, 상온의 우유, 설탕, 마이크로플레인® 그레이터로 곱게 간 베르가모트 제스트, 잘게 다진 얼그레이 찻잎을 넣고 잘 섞는다. 밀가루와 베이킹파우더를 혼합해 체에 쳐서 볼에 넣어준다. 여기에 따뜻한 온도로 식은 버터 꿀 혼합물을 넣고 잘 섞는다. 반죽을 짤주머니에 넣고, 8cm 크기의 마들렌 틀에 채워 넣는다. 마들렌 한 개당 약 25g의 반죽을 넣는다. 오븐에 넣어 6분간 구워낸다.

* 밀가루 T45 : 프랑스 밀가루는 회분 함량에 따라 분류한다. Type 45는 회분 함량 0.5% 이하, 단백질 함량 11.0% 이상의 밀가루로, 국내용 밀가루로 대체할 경우는 박력분을 사용하는 것이 가장 가깝다.

MADELEINES BERGAMOTE

준비 : 30 분

20 개 분량

조리 : 9 분

준비 : 2 시간 30 분

10 인분

조리 : 5 분

휴지 : 12 시간 + 3 시간 20 분

레몬

유자 휩드 가나슈
가루 젤라틴 3g
물 21g
생크림 (crème liquide) 530g
화이트 커버처 초콜릿 (ivoire) 140g
유자즙 120g

레몬 마멀레이드 인서트
물 120g
레몬 즙 180g
설탕 30g
한천 5g
생 민트 15g
핑거라임 (citron caviar) 55g
포치드 메이어 레몬 170g
(p.315 포치드 시트러스 참조)
레몬 과육 세그먼트 40g
(레몬 약 3개 분량)

레몬색 코팅
코팅 혼합물 500g
(p.317 코팅하기 참조)
지용성 식용색소 (노랑) 4g

금색 분사코팅용 혼합액
키르슈 20g
금색 파우더 5g

완성 재료
무색 나파주 (nappage neutre) 20g
망통산 레몬 (citron de Menton) 잎 10장

셰프의 팁
레몬을 담가 입힌 코팅층과 분사해서 씌운 코팅층 사이에 성에나 응결이 생기지 않도록 주의한다.

유자 휩드 가나슈
GANACHE MONTÉE YUZU

하루 전날. 젤라틴을 분량의 따뜻한 물에 섞어 20분 정도 불린다. 생크림 분량의 반을 뜨겁게 데운 다음 젤라틴을 넣어 섞는다. 이것을 잘게 다진 초콜릿 위에 조금씩 부어가며 잘 혼합한다. 여기에 나머지 분량의 차가운 생크림을 부어 섞고 이어서 유자즙도 넣어준 다음 핸드블렌더로 갈아 유화한다. 밀폐용기에 담고 랩을 표면에 밀착시켜 덮어준 다음 냉장고에 12시간 넣어둔다.

레몬 마멀레이드 인서트
INSERT MARMELADE CITRON JAUNE

당일. 물과 레몬 즙을 냄비에 넣고 가열한다. 설탕과 한천을 섞어 여기에 넣고 2분간 끓인 뒤 넓은 용기에 얇게 펴 놓는다. 냉장고에 넣어 식힌다. 식은 혼합물을 꺼내 공기가 주입되지 않도록 주의하면서 핸드블렌더로 갈아 혼합한다. 잘게 썬 민트 잎, 핑거라임 알갱이, 포치드 레몬 다진 것, 작게 썬 레몬 과육 세그먼트를 넣어 섞는다. 혼합물을 지름 3.5cm 반구형 실리콘 틀에 붓고 냉동실에 2시간 넣어두어 완전히 얼린다.

코팅 및 마무리 완성하기
ENROBAGE, MONTAGE ET FINITIONS

차가워진 유자 가나슈를 거품기로 휘핑한 다음, 지름 4.5cm 크기의 구형 몰드 한쪽 면에 채워 넣는다. 가운데 레몬 마멀레이드 인서트를 하나씩 넣은 다음 구형 몰드 나머지 한쪽 면으로 덮고 구멍으로 가나슈를 넣어 채운다. 냉동실에 다시 1시간을 넣어두었다 꺼내 틀에서 분리한 다음 레몬 모양으로 성형한다. 노란색 코팅 혼합물을 준비한다 (p.317 설명 참조). 코팅 혼합물이 25℃가 되면 성형한 레몬 모양을 담가 전체를 씌운다. 아몬드 페이스트를 이용해 레몬을 베이킹 팬 위에 부분적으로 붙여 고정시킨다. 스프레이건으로 같은 혼합물을 분사해 레몬을 벨벳과 같은 느낌으로 코팅해준다. 이때 군데군데 매끄러운 자국을 남겨 자연스럽게 고르지 않은 표면의 효과를 내준다. 레몬 둘레를 따라 따뜻한 무색 나파주를 붓으로 가볍게 발라준다. 키르슈와 금색 파우더를 섞은 다음 체에 거른다. 스프레이건에 넣고 레몬에 분사해 금색 코팅으로 마무리한다.
레몬마다 잎을 한 장씩 붙여 완성한다.

레몬 밀푀유

푀유타주

뵈르 마니에 (beurre manié)
퓌유타주 밀어접기용 버터 (beurre de tourage)* 420g
밀가루 (farine de gruau)** 165g

데트랑프 (détrempe)
물 160g
소금 15g
흰 식초 4g
상온의 부드러운 버터 125g
밀가루 (farine de gruau) 395g
슈거파우더 10g

레몬 가나슈

판 젤라틴 3.5g
생크림 525g
화이트 커버처 초콜릿 (ivoire) 135g
레몬 즙 135g
레몬 제스트 5개분

레몬 젤

물 120g
레몬 즙 180g
설탕 30g
한천 4g

* 엑스트라 드라이 버터, 저수분 버터(beurre sec) : 일반 버터 (유지방 82%)에 비해 유지방 함량이 높고 (84%) 수분 함량이 적은 버터로 가소성이 좋아 밀어 접는 방식의 퓌유타주를 만드는 데 주로 사용된다.

** 파린 드 그뤼오 (farine de gruau) : 일반 밀가루 (글루텐 10%)에 비해 글루텐 함량이 높은 (13%) 고운 입자의 흰색 밀가루로 반죽에 더 많은 탄성을 준다. 브리오슈, 비에누아즈리, 슈 반죽 등 부풀어오르는 발효 반죽에 많이 사용되며, 타르트 시트용 반죽에는 적합하지 않다.

레몬 가나슈
GANACHE CITRON

하루 전날. 젤라틴을 분량 외의 찬물에 담가 20분간 불린다. 생크림 분량의 반을 뜨겁게 데운 다음 물을 꼭 짠 젤라틴을 넣어 섞는다. 이것을 초콜릿 위에 조금씩 부어가며 잘 혼합한다. 나머지 분량의 차가운 생크림을 붓고, 레몬 즙과 제스트를 넣은 다음 핸드블렌더로갈아 유화한다. 냉장고에 12시간 넣어둔다.

푀유타주
FEUILLETAGE

당일. 3절 밀어접기 기준 총 6회를 해 푀유타주 반죽을 완성한다 (p.313 참조).
컨벡션 오븐을 180°C로 예열한다. 준비한 푀유타주 반죽을 2mm 두께로 얇게 밀어 두 장의 베이킹 팬 사이에 놓고 오븐에서 30분간 굽는다. 10cm x 4cm 크기의 직사각형 18개로 자른다. 슈거파우더를 솔솔 뿌린 후 다시 컨벡션 오븐에 넣어 5분간 굽는다. 마지막으로 250°C로 예열한 일반 전기오븐에 넣어 10분간 구워 윤기가 나도록 표면을 글레이즈한다.

레몬 젤
GEL CITRON JAUNE

물과 레몬 즙을 데운다. 설탕과 한천을 섞어 여기에 넣고 2분간 끓인 뒤 재빨리 용기에 옮겨 담고 냉장고에 넣어 식힌다. 식은 혼합물을 꺼내 공기가 주입되지 않도록 주의하면서 핸드블렌더로 갈아 혼합한다.

완성하기
MONTAGE ET FINITIONS

잘라 놓은 푀유타주 두 장을 캐러멜라이즈된 면이 아래로 오게 뒤집어 놓고, 원형 깍지 (14mm)를 끼운 짤주머니를 이용해 가나슈를 가장자리 쪽으로 길게 두 줄로 짜 놓는다. 깍지 없는 짤주머니에 채워 넣은 레몬 젤을 두 줄의 가나슈 사이에 한 줄로 짜준다. 뜨겁게 달군 칼로 가장자리를 깔끔하게 다듬는다. 이 두 장의 푀유타주를 겹쳐 쌓은 다음 마지막 세 번째 푀유타주를 캐러멜라이즈된 면이 위로 오도록 얹어 완성한다. 나머지 밀푀유도 같은 방법으로 조립해 완성한다.

MILLEFEUILLE CITRON JAUNE

준비 : 2 시간

6 인분

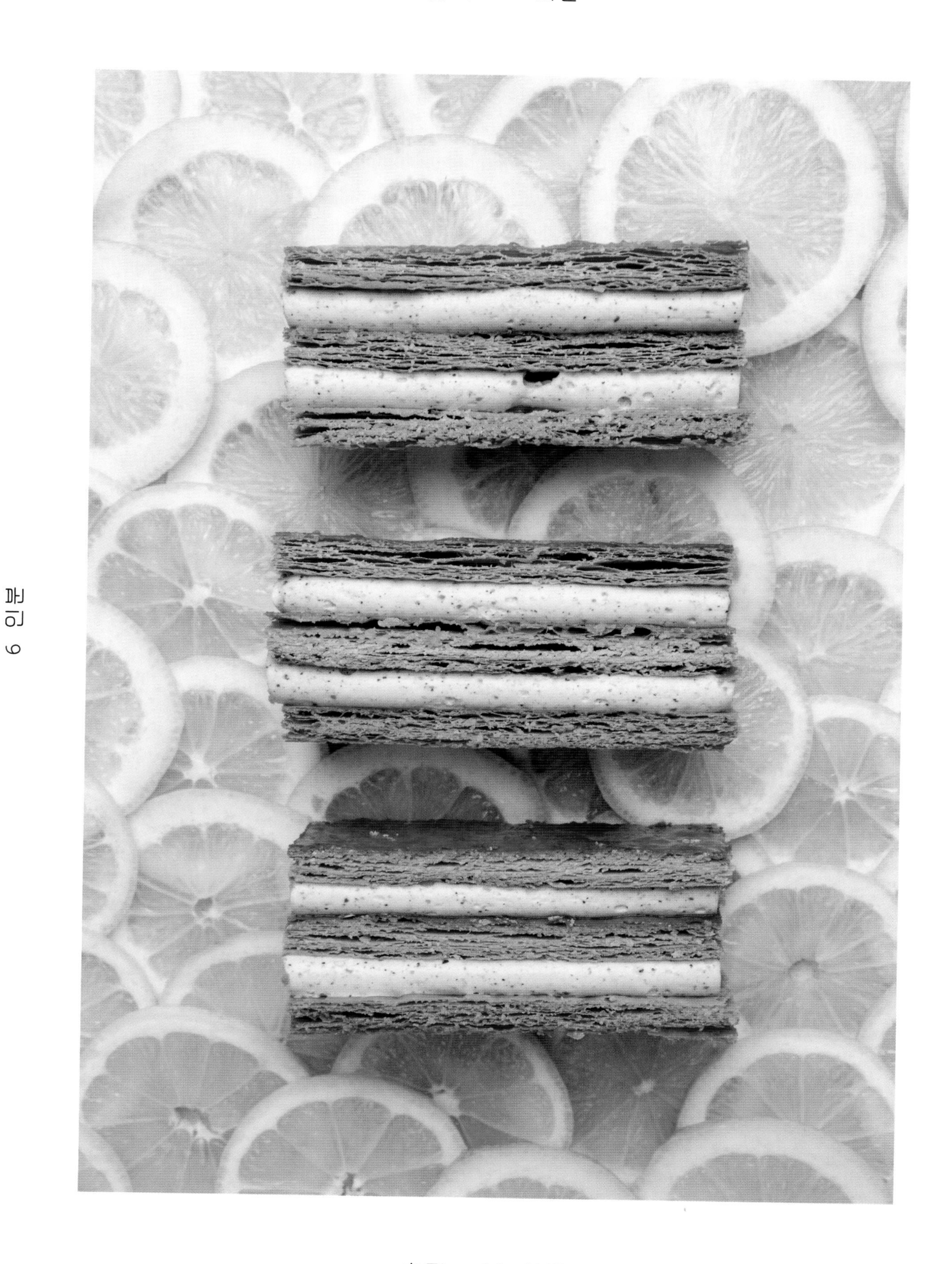

조리 : 45 분

휴지 : 12 시간

레몬 바바

바바 반죽
밀가루 (T55)* 400g
소금 12g
꿀 40g
이스트 20g
달걀 260g
버터 120g

레몬 시럽
가루 젤라틴 3g
물 21g
물 200g
설탕 100g
레몬 제스트 1개분

레몬 콩포트
레몬 과육 세그먼트 400g
설탕 40g
펙틴 (pectine NH)** 6g

완성 재료
바닐라 휩드 크림 500g (p.314 참조)
생 민트 잎

* 밀가루 T55 : 프랑스 밀가루는 회분 함량에 따라 분류한다. Type 55는 회분 함량 0.5~0.6%, 단백질 함량 11.5% 이상의 밀가루로, 국내용 밀가루로 대체할 경우는 다목적용 중력분을 사용하는 것이 가장 가깝다.

** pectine NH : 펙틴은 크게 고메톡실 펙틴 (HM)과 저메톡실 펙틴 (LM)으로 나뉜다. 사과 등의 과일에서 추출한 황색 펙틴은 고매톡실 펙틴에 속하는데 이는 한번 굳으면 다시 녹여 사용하기 어렵다. 반면 펙틴 NH는 특수한 타입의 저메톡실 펙틴의 일종으로 열전환이 가능하다. 즉 한번 굳은 상태에서도 필요에 따라 다시 녹였다가 굳히는 작업이 가능하기 때문에, 특히 글라사주 등을 만드는 등 파티스리에서 유용하게 쓰인다.

바바 반죽
PÂTE À BABA

전동 스탠드 믹서 볼에 밀가루, 소금, 꿀, 이스트, 달걀을 넣고 도우훅으로 돌려 반죽한다. 반죽이 더 이상 볼 안쪽 벽에 달라붙지 않을 정도로 혼합되면 버터를 여러 번에 나누어 넣으며 다시 반죽이 달라붙지 않을 때까지 반죽한다. 냉장고나 시원한 곳에 두어 휴지시킨다. 브리오슈 반죽을 35g씩 나누어 길쭉한 컵 모양의 바바 틀에 넣는다. 젖은 행주를 덮어 따뜻한 곳에서 40분간 발효시킨다. 오븐을 180°C로 예열한다. 바바 틀 위에 유산지를 한 장 덮고 그 위에 베이킹 팬을 얹는다. 오븐에 넣고 바바가 노릇해질 때까지 약 30분간 굽는다. 바바를 틀에서 분리하고 망 위에 얹은 뒤 100°C 오븐에 넣어 1시간 동안 건조시킨다.

레몬 시럽
SIROP DE CITRON

젤라틴을 분량의 따뜻한 물에 섞어서 20분 정도 불린다. 소스팬에 물, 설탕, 레몬 제스트를 넣고 가열한다. 끓으면 바로 불에서 내린 뒤 70°C까지 식힌다. 젤라틴을 넣고 잘 섞은 후 50°C까지 식힌다. 시럽을 붓에 묻혀 바바를 골고루 충분히 적셔준다. 망에 올려 여분의 시럽이 흘러내리게 한다.

레몬 콩포트
COMPOTÉE DE CITRON JAUNE

레몬 과육과 설탕 20g을 수비드용 비닐팩에 넣고 100°C로 맞춘 스팀 오븐에서 20분간 익힌다. 또는 물이 끓고 있는 냄비에 넣어 익혀도 좋다. 레몬을 꺼내 소스팬에 넣고, 펙틴 가루와 섞은 나머지 설탕을 넣어 가열한다. 2분간 끓인 뒤 불에서 내려 바로 냉장고에 넣고 식힌다.

완성하기
MONTAGE ET FINITIONS

바바를 네 토막으로 자르고 사이사이에 레몬 콩포트를 넣는다. 바닐라 휘핑 크림을 만들어 (p.314 참조) 바바와 함께 서빙한다. 싱싱한 생 민트 잎을 몇 장 얹어 마무리한다.

BABAS CITRON JAUNE

준비 : 2 시간

조리 : 1 시간 48 분

휴지 : 1 시간 40 분

8 인분

레몬 타르틀레트

레몬 반 개 모양 조립하기
레몬 반 개 모양으로 만든 것 10개
(p.23 레몬 레시피 참조)

타르틀레트 시트
파트 쉬크레 590g (p.312 참조)

레몬 아몬드 크림
아몬드 크림 100g (p.314 참조)
레몬 제스트 2개분

노란색 크럼블
크럼블 100g (p.312 참조)
지용성 식용색소 (노랑) 1.7g
레몬 제스트 1개분

레몬 반 개 모양 조립하기
MONTAGE DEMI-CITRONS

p.23의 레몬 레시피를 참조해 레몬 모양을 만든다. 단, 레몬 반 개 모양으로 모두 10개를 준비한다.

타르틀레트 시트
FONDS DE TARTELETTES

하루 전날. 파트 쉬크레를 만들어 타르틀레트 틀에 앉힌 다음 (p.312 참조), 냉장고에 24시간 동안 넣어 표면이 꾸둑해지도록 굳힌다.
당일. 오븐을 160℃로 예열한다.
타르틀레트 시트만 오븐에 넣어 20분간 굽는다.

레몬 아몬드 크림
CRÈME D'AMANDE AU CITRON

아몬드 크림을 만든 다음 (p.314 참조), 레몬 제스트와 혼합한다.
미리 구워낸 타르틀레트 시트에 레몬 아몬드 크림을 채운 다음, 160℃ 오븐에서 5분간 굽는다.

노란색 크럼블
CRUMBLE JAUNE

오븐을 170℃로 예열한다. 버터, 황설탕, 밀가루, 식용색소, 레몬 제스트를 혼합한 다음 두 장의 유산지 사이에 놓고, 밀대를 사용해 1mm 두께로 얇게 민다. 오븐에 넣어 7분간 굽는다. 크럼블을 체로 쳐서 알갱이만 건지고 가루는 체에 내린다.

완성하기
MONTAGE ET FINITIONS

레몬 아몬드 크림을 채운 타르틀레트 시트 위에 레몬 반 개 모양을 각각 얹고, 가장자리 이음새 부분에 빙 둘러 크럼블을 붙여 완성한다.

TARTELETTES CITRON JAUNE

준비 : 3 시간 30 분

10 인분

조리 : 30 분

휴지 : 24 시간

준비 : 2 시간

8 인분

조리 : 50 분

휴지 : 12 시간 + 10분

레몬 후추 에클레어

사라왁 후추 가나슈

가루 젤라틴 1.7g
물 8.7g
생크림 201g
화이트 커버처 초콜릿 (ivoire) 54g
레몬 즙 45g
사라왁 후추 (poivre de Sarawak) 2.5g

에클레어

슈 반죽 400g

노란색 크럼블
크럼블 반죽 350g
지용성 식용색소 (노랑) 5g
이산화티탄 1g

흰색 전분 글라사주
흰색 전분 글라사주 300g

가보트 크리스피

가보트 반죽 500g
후추

레몬 마멀레이드

물 120g
레몬 즙 180g
설탕 30g
한천 5g
핑거라임 (citron caviar) 55g
레몬 과육 세그먼트 40g
레몬 콩피 170g

사라왁 후추 가나슈
GANACHE AU POIVRE DE SARAWAK

하루 전날. 젤라틴을 분량의 따뜻한 물에 섞어서 20분 정도 불린다. 생크림 분량의 반을 뜨겁게 데운 다음 젤라틴을 넣어 섞는다. 이것을 녹인 초콜릿 위에 조금씩 부어가며 잘 혼합한다. 나머지 분량의 차가운 생크림을 넣고, 레몬 즙과 후추를 넣은 다음 핸드블렌더로 갈아 유화한다. 냉장고에 12시간 넣어둔다.

에클레어
ÉCLAIRS

당일. 에클레어를 만들고 (p.318 참조) 그 위에 노란색 크럼블을 얹은 다음 180°C로 예열한 오븐에서 20분간 구워낸다. 오븐의 온도를 160°C로 낮춘 뒤 에클레어를 5분간 건조시킨다. 글라사주를 만든다 (p.319 참조).

가보트 크리스피
GAVOTTES CROUSTILLANTES

가벼운 볼 모양의 가보트 크리스피를 만들어 (p.319 참조), 후추를 솔솔 뿌린다.

레몬 마멀레이드
MARMELADE CITRON JAUNE

물과 레몬 즙을 냄비에 넣고 가열한다. 설탕과 한천을 섞어 여기에 넣고 2분간 끓인 뒤 재빨리 용기에 옮겨 담고 냉장고에 넣어 식힌다. 식은 혼합물을 꺼내 공기가 주입되지 않도록 주의하면서 핸드블렌더로 갈아 혼합한다. 핑거라임, 잘게 썬 레몬 과육 세그먼트, 잘게 다진 레몬 콩피를 넣고 조심스럽게 섞어준다.

완성하기
MONTAGE ET FINITIONS

전동 스탠드 믹서 볼에 차가워진 후추 가나슈를 넣고 거품기로 휘핑한 다음 깍지를 끼우지 않은 짤주머니에 채워 넣는다. 뾰족한 칼끝을 이용해 에클레어 슈 밑면에 4개의 구멍을 뚫은 후 10g의 가나슈와 마멀레이드를 슈에 가득 채워 넣는다. 흰색 글라사주를 전자레인지에 데워 27°C로 만든 다음, 에클레어 윗면에 우선 한 번 입힌다. 냉동실에 5분간 넣었다가 꺼내 두 번째 글라사주를 입힌다. 냉장고에 몇 분간 넣어 굳힌다. 후추를 뿌린 가보트 크리스피 볼을 에클레어에 얹어 완성한다.

ÉCLAIRS CITRON-POIVRE

라임 올리브오일 타르틀레트

타르틀레트 시트
파트 쉬크레 590g (p.312 참조)
달걀노른자 100g
생크림 25g
아몬드 크림 300g (p.314 참조)

라임 마멀레이드 인서트
포치드 라임 200g
물 80g
라임 즙 230g
설탕 15g
한천 6g
타라곤 20g
핑거라임 55g

라임 올리브오일 크림
판 젤라틴 2장
라임 제스트 3개분
라임 즙 142g
달걀 162g
라벤더 꿀 15g
엑스트라 드라이 버터 (beurre sec)* 85g
올리브오일 (Casanova®) 85g

레몬 머랭
달걀흰자 150g
설탕 225g
달걀흰자 분말 (blancs sec) 1.5g
레몬 제스트 1개분

레몬 젤
체에 거르지 않은 생 레몬 즙 76g
물 25g
설탕 5g
한천 2g

레몬 비네그레트
올리브오일 30g
레몬 즙 35g
핑거라임 10g

* 엑스트라 드라이 버터, 저수분 버터 (beurre sec) : 일반 버터 (유지방 82%)에 비해 유지방 함량이 높고 (84%) 수분 함량이 적은 버터로 가소성이 좋아 밀어 접는 방식의 푀유타주를 만드는 데 주로 사용된다.

타르틀레트 시트
FONDS DE TARTELETTES

하루 전날. 파트 쉬크레를 만들어 타르틀레트 틀에 앉힌 다음 (p.312 참조), 냉장고에 하루 동안 넣어 표면이 꾸둑해지도록 굳힌다.
당일. 오븐을 160℃로 예열한다. 타르틀레트 시트만 오븐에 넣어 20분간 굽는다. 달걀노른자와 크림을 섞어 달걀물을 만든 뒤 타르틀레트 시트에 붓으로 발라준다. 오븐에서 5분간 굽는다. 아몬드 크림을 만들어 (p.314 참조) 타르틀레트 시트에 한 켜 채워 넣고 다시 오븐에서 5분간 굽는다.

라임 마멀레이드 인서트
INSERT MARMELADE CITRON VERT

포치드 라임을 만든다 (p.315 참조). 물과 레몬 즙을 냄비에 넣고 가열한다. 설탕과 한천을 섞어 여기에 넣고 2분간 끓인 뒤 용기에 덜어 즉시 냉장고에 넣어 식힌다. 식은 혼합물을 꺼내 공기가 주입되지 않도록 주의하면서 핸드블렌더로 갈아 혼합한다. 잘게 썬 타라곤, 핑거라임 알갱이, 잘게 다진 포치드 라임을 넣어 섞는다. 완성된 마멀레이드를 타르틀레트 시트 안에 넣어준다.

라임 올리브오일 크림
CRÈME CITRON VERT-HUILE D'OLIVE

젤라틴을 분량 외의 찬물에 담가 20분간 불린다. 라임 제스트와 라임 즙, 달걀, 꿀을 냄비에 넣고 가열한다. 끓기 시작하면 바로 불에서 내리고 체에 거른 다음 물을 꼭 짠 젤라틴을 넣는다. 핸드블렌더로 갈아준 다음 버터와 올리브오일을 조금씩 넣어가며 유화한다. 냉장고에 1시간 넣어둔다. 타르틀레트에 크림을 채운다.

레몬 머랭
MERINGUE CITRON JAUNE

달걀흰자에 설탕과 달걀흰자 분말을 넣고 중탕으로 70℃까지 가열한다. 전동 스탠드 믹서 볼에 혼합물을 넣고 와이어 휩을 돌려 완전히 식을 때까지 거품을 올려 머랭을 만든 다음, 그레이터에 곱게 간 레몬 제스트를 넣어 섞는다. 생토노레용 깍지 (20호)를 끼운 짤주머니에 넣고 타르틀레르 위에 머랭을 짜 얹는다.

레몬 젤
GEL CITRON

물과 레몬 즙을 냄비에 넣고 가열한다. 설탕과 한천을 섞어 여기에 넣고 2분간 끓인 뒤 용기에 옮겨 담아 즉시 냉장고에 넣어 식힌다. 식은 혼합물을 꺼내 공기가 주입되지 않도록 주의하면서 핸드블렌더로 갈아 혼합한다.

레몬 비네그레트
VINAIGRETTE CITRON

레몬 젤 40g과 올리브오일, 레몬 즙, 핑거라임을 혼합해 비네그레트를 만들어 타르틀레트의 머랭 가운데에 넣어준다.

TARTELETTES CITRON VERT HUILE D'OLIVE

준비 : 3 시간 30 분

10 개 분량

조리 : 35 분

휴지 : 24 시간 + 1 시간

라임, 시소

레몬 소르베

설탕 450g
포도당 분말 (glucose atomisé) 100g
전화당 40g
아이스크림용 안정제 (super neutrose) 10g
물 900g
라임 즙 500g
레몬 제스트 2개분

라임 올리브오일 크림

판 젤라틴 2장
라임 즙 150g
라임 제스트 3개분
달걀 160g
설탕 150g
엑스트라 드라이 버터 (beurre sec) 85g
올리브오일 (Casanova®) 85g

시소 페스토

시소 (차조기 잎) 100g
아몬드 페이스트 50g
레몬 제스트 2개분
꿀 40g
레몬 즙 40g
올리브오일 200g
잘게 부순 얼음 50g

레몬 즙 올리브오일

신맛이 강한 레몬 즙 200g
가루 젤라틴 6g
꿀 (miel Béton®) 48g
소금 (fleur de sel) 1g
올리브오일 (Casanova®) 180g

레몬 소르베
SORBET CITRON

설탕과 포도당 분말, 전화당, 안정제를 혼합한다. 물을 끓인 후 이 혼합물을 넣고 다시 끓인다. 냉장고에 3시간 넣어 식힌다. 라임 즙과 레몬 제스트를 넣고 핸드블렌더로 갈아 혼합한 다음 냉동실에 넣는다.

라임 올리브오일 크림
CRÈME CITRON VERT-HUILE D'OLIVE

젤라틴을 찬물에 담가 20분간 불린다. 라임 즙과 라임 제스트, 달걀, 설탕을 냄비에 넣고 가열한다. 끓기 시작하면 바로 불에서 내리고 체에 거른 다음 젤라틴을 넣는다. 핸드블렌더로 갈아 혼합한 뒤 버터, 이어서 올리브오일을 조금씩 넣어가며 핸드블렌더로 갈아 유화한다. 용기에 옮겨 담은 뒤 즉시 냉장고에 넣어 식힌다.

시소 페스토
PISTOU SHISO

시소 잎과 아몬드 페이스트, 레몬 제스트, 꿀, 레몬 즙을 모두 블렌더에 넣고 갈아준 다음 얼음을 넣는다. 올리브오일을 가늘게 넣으면서 마치 비네그레트를 만들 때처럼 유화하며 혼합한다.

레몬 즙 올리브오일
JUS CITRON-HUILE D'OLIVE

레몬 즙과 젤라틴, 꿀, 소금을 섞은 다음 올리브오일을 조금씩 넣어가며 거품기로 저어 혼합한다.

완성하기
MONTAGE ET FINITIONS

라임 올리브오일 크림 한 스푼을 접시 위에 놓고 중앙에 시소 페스토를 조금 올린다. 소르베를 담고 시소 잎 몇 장으로 장식한다. 신선한 라임 과육 세그먼트를 몇 조각 놓은 다음, 따뜻한 레몬 즙 올리브오일을 곁들여 서빙한다.

준비 : 1 시간

조리 : 10 분

휴지 : 3 시간

8 인분

라임 타르틀레트

타르틀레트 시트
파트 쉬크레 590g (p.312 참조)

라임 가나슈
가루 젤라틴 4g
물 28g
생크림 410g
화이트 커버처 초콜릿 (ivoire) 120g
라임 즙 90g
라임 제스트 3개분

라임 마멀레이드 인서트
물 135g
라임 즙 230g
설탕 30g
한천 5g
생 타라곤 10g
포치드 라임 170g (p.315 참조)
생 라임 과육 세그먼트 50g

달걀물
달걀노른자 100g
생크림 25g

타라곤 아몬드 크림
아몬드 크림 150g (p.314 참조)
생 타라곤 20g
생 라임 과육 세그먼트 200g

라임 페이스트
라임 400g
포치드 라임 200g (p.315 참조)
라임 즙 400g

완성하기
무색 나파주 (nappage neutre) 20g

녹색 라임 코팅
코팅 혼합물 300g (p.317 코팅하기 참조)
지용성 식용색소 (녹색) 8g

녹색 분사코팅용 혼합액
키르슈 50g
녹색 펄 파우더 5g

녹색 크럼블
크럼블 100g (p.312 참조)
지용성 식용색소 (녹색) 1g
지용성 식용색소 (빨강) 0.07g
라임 제스트 1개분

타르틀레트 시트
FONDS DE TARTELETTES

하루 전날. 파트 쉬크레를 만들어 타르틀레트 틀에 앉힌 다음 (p.312 참조), 냉장고에 하루 동안 넣어 표면이 꾸둑해지도록 굳힌다.

라임 가나슈
GANACHE CITRON VERT

하루 전날. 젤라틴을 분량의 따뜻한 물에 섞어서 20분 정도 불린다. 생크림 분량의 반을 뜨겁게 데운 다음 젤라틴을 넣어 섞는다. 이것을 잘게 다진 초콜릿 위에 조금씩 부어가며 잘 혼합한다. 나머지 분량의 차가운 생크림을 붓고 라임 즙과 제스트를 넣은 다음, 핸드블렌더로 갈아 유화한다. 밀폐용기에 담고 랩을 표면에 밀착시켜 덮어준 다음 냉장고에 12시간 넣어둔다.

TARTELETTES CITRON VERT

준비 : 3 시간 30 분

조리 : 30 분

휴지 : 24 시간 + 5 시간

10 인분

라임 타르틀레트

라임 마멀레이드 인서트
INSERT MARMELADE CITRON VERT

당일. 물과 라임 즙을 냄비에 넣고 가열한다. 설탕과 한천을 섞어 여기에 넣고 아주 약하게 잠시 끓인다. 넓은 용기에 덜어 얇게 편 다음 즉시 냉장고에 넣어 식힌다. 식은 혼합물을 꺼내 공기가 주입되지 않도록 주의하면서 핸드블렌더로 갈아 혼합한다. 잘게 썬 타라곤, 잘게 다진 포치드 라임, 라임 과육 세그먼트를 넣어 섞는다. 완성된 마멀레이드를 지름 3.5cm 크기의 반구형 실리콘 틀에 채우고 냉동실에 1시간 넣어두어 완전히 얼린다.

달걀물 입히기
DORURE

오븐을 160℃로 예열한다. 타르틀레트 시트를 오븐에 넣어 20분간 굽는다. 달걀노른자와 생크림을 섞어 초벌구이한 타르틀레트에 붓으로 발라준다. 다시 오븐에 넣어 5분간 굽는다.

타라곤 아몬드 크림
CRÈME AMANDE-ESTRAGON

아몬드 크림을 만든 다음 (p.314 참조), 잘게 썬 타라곤을 넣어 섞는다. 구워 놓은 타르틀레트 시트 안에 아몬드 크림을 넣고 라임 과육 세그먼트를 몇 조각 올린다. 오븐에 넣어 다시 10분간 굽는다.

라임 페이스트
PÂTE DE CITRON VERT

생 라임, 포치드 라임 (p.315 참조), 라임 즙을 블렌더에 넣고 갈아준다. 완성된 페이스트를 미리 구워놓은 타르틀레트의 아몬드 크림 층 위에 매끈하게 발라 얹는다.

완성하기
MONTAGE ET FINITIONS

차가워진 라임 가나슈를 거품기로 돌려 휘핑한 다음, 지름 4.5cm 크기의 반구형 실리콘 틀에 채워 넣는다. 가운데 라임 마멀레이드 인서트를 하나씩 넣고 냉동실에 다시 1시간 넣어둔다. 틀에서 분리한 다음 윗부분에 뾰족하게 가나슈를 조금 더 얹어 라임 반 개 모양으로 성형한다. 다시 냉동실에 3시간 넣어둔다. 연두색 코팅 혼합물을 준비한다 (p.317 참조). 혼합물의 온도가 25℃가 되면 성형한 라임 모양을 담가 코팅한다. 아몬드 페이스트를 이용해 라임 모형을 베이킹 팬 위에 부분적으로 붙여 고정시킨다. 냉장고에 넣어 서서히 해동한다. 내용물을 넣지 않은 빈 스프레이건으로 분사해 표면에 남아 있는 응결된 물질을 모두 날려 제거한다. 스프레이건에 같은 연두색 코팅 혼합물을 채우고 분사해 라임을 벨벳과 같은 느낌으로 코팅해준다. 라임 둘레를 따라 따뜻한 무색 나파주를 붓으로 얇게 발라 라임 껍질 효과를 내준다. 키르슈와 녹색 펄 파우더를 섞은 다음 스프레이건에 넣고 라임에 분사해 반짝이는 코팅으로 마무리한다. 각 타르틀레트 시트 위에 돔 모양의 라임 반 개를 얹는다. 크럼블을 만들어 (p.312 참조) 가장자리에 빙 둘러 붙여 완성한다.

TARTELETTES CITRON VERT

준비 : 3 시간 30 분

10 인분

조리 : 30 분

휴지 : 24 시간 + 5 시간

블랙 레몬 티무트 후추 타르틀레트

타르틀레트 시트
파트 쉬크레 590g (p.312 참조)

블랙 레몬 티무트 후추 휩드 가나슈
판 젤라틴 2장
우유 120g
생크림 (crème liquide) 530g
티무트 후추* (poivre Timut) 2g
이란산 블랙 레몬 10g
레몬 제스트 3개분
화이트 커버처 초콜릿 (ivoire) 140g

레몬 마멀레이드
물 300g
레몬 즙 450g
설탕 75g
한천 12g
포치드 레몬 425g (p.315 참조)
생 레몬 과육 세그먼트 100g
티무트 후추 (poivre Timut) 7.5g

* 티무트 후추 (poivre Timut, *zanthoxylium armatum*) : 갈색 껍질에 싸인 검은 알갱이 열매로, 껍질만 향신료로 사용한다. 자몽 등의 시트러스 향이 특징인 이 향신료는 네팔의 고원지대에서 재배하며, 특히 해산물과 잘 어울린다.

달걀물
달걀노른자 100g
생크림 (crème liquide) 25g

티무트 후추 아몬드 크림
아몬드 크림 150g (p.314 참조)
티무트 후추 (poivre Timut) 2g
생 레몬 과육 세그먼트 240g

레몬 페이스트
레몬 100g
레몬 콩피 50g
레몬 즙 100g

완성하기
검정색 코팅
코팅 혼합물 300g (p.317 코팅하기 참조)
식용 숯 색소 (검정) 4g

검정색 크럼블
크럼블 100g (p.312 참조)
식용 숯 색소 1.7g
레몬 제스트 1개분
무색 나파주 (nappage neutre) 20g

타르틀레트 시트
FONDS DE TARTELETTES

하루 전날. 파트 쉬크레를 만들어 타르틀레트 틀에 앉힌 다음 (p.312 참조), 냉장고에 하루 동안 넣어 표면이 꾸둑해지도록 굳힌다.

블랙 레몬 티무트 후추 휩드 가나슈
GANACHE MONTÉE CITRON NOIR-TIMUT

하루 전날. 젤라틴을 찬물에 담가 20분간 불린다. 우유, 생크림 분량의 반, 곱게 간 티무트 후추, 블랙 레몬, 레몬 제스트를 냄비에 넣고 뜨겁게 가열한다. 물을 꼭 짠 젤라틴을 넣어 잘 섞는다. 이것을 잘게 다진 화이트 초콜릿 위에 조금씩 부어가며 잘 혼합한다. 나머지 분량의 차가운 생크림을 넣은 다음 핸드블렌더로 갈아 유화한다. 밀폐용기에 담고 랩을 표면에 밀착시켜 덮어준 다음 냉장고에 12시간 넣어둔다.

TARTELETTES CITRON NOIR TIMUT

블랙 레몬 티무트 후추 타르틀레트

레몬 마멀레이드
MARMELADE DE CITRON JAUNE

당일. 물과 레몬 즙을 냄비에 넣고 가열한다. 설탕과 한천을 섞어 여기에 넣고 2분간 끓인 뒤 넓은 용기에 덜어 얇게 편 다음 즉시 냉장고에 넣어 식힌다. 식은 혼합물을 꺼내 공기가 주입되지 않도록 주의하면서 핸드블렌더로 갈아 혼합한다. 잘게 다진 포치드 레몬과 작게 썬 레몬 과육 세그먼트를 넣어 섞는다. 완성된 마멀레이드를 지름 3.5cm 크기의 반구형 실리콘 틀에 채우고 냉동실에 1시간 넣어두어 완전히 얼린다.

달걀물 입히기
DORURE

오븐을 160°C로 예열한다. 타르틀레트 시트를 오븐에 넣어 20분간 굽는다.
달걀노른자와 생크림을 섞어 달걀물을 만든 다음 초벌구이한 타르틀레트에 붓으로 발라준다. 다시 오븐에 넣어 5분간 굽는다.

티무트 후추 아몬드 크림
CRÈME AMANDE–TIMUT

그동안 아몬드 크림을 만들고 (p.314 참조), 티무트 후추가루를 넣어 섞는다. 구워 놓은 타르틀레트 시트 안에 티무트 후추 아몬드 크림을 넣고 레몬 과육 세그먼트를 몇 조각 올린다. 오븐에 넣어 다시 5분간 굽는다.

레몬 페이스트
PÂTE DE CITRON JAUNE

생 레몬, 포치드 레몬 (p.315 참조), 레몬 즙을 블렌더에 넣고 갈아준다. 완성된 페이스트를 미리 구워놓은 타르틀레트의 아몬드 크림 층 위에 매끈하게 발라 얹는다.

완성하기
MONTAGE ET FINITIONS

차가워진 가나슈를 거품기로 휘핑한 다음, 지름 4.5cm 크기의 반구형 실리콘 틀에 채워 넣는다. 가운데 레몬 마멀레이드 인서트를 하나씩 넣고 냉동실에 다시 1시간 넣어둔다. 틀에서 분리한 다음 윗부분에 뾰족하게 가나슈를 조금 더 얹어 레몬 반 개의 모양으로 성형한다. 다시 냉동실에 3시간 넣어둔다. 검정색 코팅 혼합물을 준비한다 (p.317 참조). 혼합물의 온도가 25°C가 되면 성형한 블랙 레몬 모양을 담가 코팅한다. 아몬드 페이스트를 이용해 레몬을 베이킹 팬 위에 부분적으로 붙여 고정시킨다. 스프레이건으로 같은 검정색 코팅 혼합물을 분사해 레몬을 벨벳과 같은 느낌으로 코팅해준다. 이때 군데군데 매끄러운 자국을 남겨 자연스럽게 고르지 않은 표면의 효과를 내준다. 레몬 둘레를 따라 따뜻한 무색 나파주를 붓으로 얇게 발라 레몬 껍질 효과를 내준다. 각 타르틀레트 시트 위에 블랙 레몬 반 개의 모양을 얹는다. 검정색 크럼블을 만들어 (p.312 참조) 가장자리 연결 부분에 빙 둘러 붙여 완성한다.

TARTELETTES CITRON NOIR TIMUT

준비 : 3 시간 30 분

01 배 모양

조리 : 30 분

휴지 : 24 시간 + 4 시간

클레망틴 타르틀레트

타르틀레트 시트
파트 쉬크레 590g (p.312 참조)

클레망틴 휩드 가나슈
가루 젤라틴 3g
물 21g
생크림 530g
화이트 커버처 초콜릿 (ivoire) 140g
클레망틴 즙 120g

클레망틴 마멀레이드 인서트
물 120g
클레망틴 즙 180g
설탕 30g
한천 5g
포치드 클레망틴 170g (p.315 참조)
레몬 과육 세그먼트 40g

달걀물
달걀노른자 100g
생크림 (crème liquide) 25g

아몬드 크림
아몬드 크림 150g (p.314 참조)

완성 재료
오렌지색 코팅
코팅 혼합물 300g (p.317 코팅하기 참조)
지용성 식용색소 (오렌지색) 4g
무색 나파주 (nappage neutre) 20g
키르슈 50g
오렌지색 펄 파우더 5g
클레망틴 잎 10장

오렌지색 크럼블
크럼블 반죽 100g (p.312 참조)
지용성 식용색소 (오렌지색) 1.7g
클레망틴 제스트 1개분

타르틀레트 시트
FONDS DE TARTELETTES
하루 전날. 파트 쉬크레를 만들어 타르틀레트 틀에 앉힌 다음 (p.312 참조), 냉장고에 하루 동안 넣어 표면이 꾸둑해지도록 굳힌다.

클레망틴 휩드 가나슈
GANACHE MONTÉE CLÉMENTINE
하루 전날. 젤라틴을 분량의 따뜻한 물에 섞어서 20분 정도 불린다. 생크림 분량의 반을 뜨겁게 데운 다음 젤라틴을 넣어 섞는다. 이것을 초콜릿 위에 조금씩 부어가며 잘 혼합한다. 나머지 분량의 생크림과 클레망틴 즙을 넣은 다음 핸드블렌더로 갈아 유화한다. 냉장고에 12시간 넣어둔다.

클레망틴 마멀레이드 인서트
INSERT MARMELADE CLÉMENTINE
당일. 물과 클레망틴 즙을 냄비에 넣고 가열한다. 설탕과 한천을 섞어 여기에 넣고 2분간 끓인 뒤 넓은 용기에 담아 즉시 냉장고에 넣어 식힌다. 차가워진 혼합물을 꺼내 공기가 주입되지 않도록 주의하면서 핸드블렌더로 갈아 혼합한다. 잘게 다진 포치드 클레망틴과 작게 썬 레몬 과육 세그먼트를 넣어 섞는다. 완성된 마멀레이드를 지름 3.5cm 크기의 반구형 실리콘 틀에 채워 넣고 냉동실에 1시간 넣어두어 완전히 얼린다.

달걀물 입히기
DORURE
오븐을 160°C로 예열한다. 타르틀레트 시트를 오븐에 넣어 20분간 굽는다.
달걀노른자와 생크림을 섞어 달걀물을 만든 다음 초벌구이한 타르틀레트에 붓으로 발라준다.
다시 오븐에 넣어 5분간 굽는다.

아몬드 크림
CRÈME D'AMANDE
아몬드 크림을 만든다 (p.314 참조). 구워 놓은 타르틀레트 시트 안에 아몬드 크림을 한 켜 채워 넣고, 오븐에 넣어 다시 5분간 굽는다.

완성하기
MONTAGE ET FINITIONS
차가운 믹싱볼에 가나슈를 넣고 거품기로 휘핑한 다음, 짤주머니를 사용해 지름 4.5cm 크기의 반구형 실리콘 틀에 채워 넣는다. 냉동된 클레망틴 마멀레이드 인서트를 가운데에 하나씩 넣고 가나슈로 덮은 뒤 냉동실에 3시간 넣어둔다. 반구형 모양이 얼면 틀에서 분리한 다음 자연스러운 클레망틴 모양으로 성형한다. 오렌지색 코팅 혼합물을 준비한다 (p.317 참조). 혼합물의 온도가 25°C가 되면 성형한 반구형 클레망틴을 담가 코팅한다. 아몬드 페이스트를 이용해 클레망틴을 베이킹 팬 위에 부분적으로 붙여 고정시킨다. 스프레이건으로 같은 오렌지색 코팅 혼합물을 분사해 클레망틴을 벨벳과 같은 느낌이 나도록 코팅해준다. 이때 군데군데 매끄러운 자국을 남겨 자연스럽게 고르지 않은 표면의 효과를 내준다. 그 위에 따뜻한 무색 나파주를 붓으로 발라 껍질과 같은 효과를 내준다. 키르슈와 오렌지색 펄 파우더를 섞어 스프레이건으로 클레망틴에 분사해 반짝이는 오렌지색 코팅으로 마무리한다. 각 타르틀레트 시트 위에 클레망틴 반 개의 모양을 얹고, 그 위에 잎을 한 장씩 붙인다. 오렌지색 크럼블을 만들어 (p.312 참조) 가장자리 연결 부분에 빙 둘러 붙여 완성한다.

TARTELETTES CLÉMENTINE

클레망틴, 후추

프로마주 블랑 무스
프로마주 블랑 400g
클레망틴 즙 10g
생크림 250g
달걀흰자 60g
설탕 40g

클레망틴 소르베
클레망틴 즙 500g
클레망틴 퓌레 400g
설탕 250g
물 380g
포도당 분말 70g
아이스크림용 안정제 50g
클레망틴 제스트 4개분

클레망틴 껍질 콩피
클레망틴 껍질 100g
클레망틴 즙 500g
설탕 250g

포치드 클레망틴
클레망틴 10개
설탕 250g
물 500g

클레망틴 즙 올리브오일
판 젤라틴 1.5장
클레망틴 즙 500g
올리브오일 50g

플레이팅
클레망틴 과육 세그먼트 20조각
탠저린 귤 과육 세그먼트 20조각
티무트 후추 (poivre Timut)
클레망틴 제스트 1개분

프로마주 블랑 무스
MOUSSE FROMAGE BLANC

하루 전날. 프로마주 블랑과 클레망틴 즙을 잘 섞는다. 전동 스탠드 믹서 볼에 생크림을 넣고 와이어 휩으로 돌려 단단하게 휘핑한 뒤 덜어내어 보관한다. 믹싱볼을 깨끗이 씻은 다음 달걀흰자를 넣고 와이어 휩으로 돌려 거품을 올린다. 설탕을 넣어가며 거품을 올려 머랭을 만든다. 이것을 프로마주 블랑과 섞은 다음, 휘핑해 놓은 크림을 넣고 살살 혼합한다. 혼합물을 고운 체 위에 얹은 상태로 하룻밤을 두어 수분이 빠지도록 한다.

클레망틴 소르베
SORBET CLÉMENTINE

클레망틴 즙과 퓌레, 설탕, 물, 포도당 분말, 안정제를 혼합한 다음 끓인다. 냉장고에 6시간 동안 넣어 식힌다. 클레망틴 제스트를 넣어 섞은 다음 아이스크림 제조기에 넣고 돌린다.

클레망틴 껍질 콩피
ÉCORCES DE CLÉMENTINE CONFITES

감자 필러로 클레망틴 껍질을 벗겨 소스팬에 넣는다. 클레망틴 즙과 설탕을 넣고 가열해 끓기 시작하면 불을 줄이고 시럽에서 윤기나게 조려질 때까지 30분 정도 아주 약하게 끓인다.

포치드 클레망틴
CLÉMENTINES POCHÉES

레시피 분량대로 포치드 시트러스 조리법에 따라 (p.315 참조) 포치드 클레망틴을 만든다.

클레망틴 즙 올리브오일
JUS CLÉMENTINE-HUILE D'OLIVE

젤라틴을 찬물에 담가 20분간 불린다. 클레망틴 즙을 반으로 졸인 다음, 물을 꼭 짠 젤라틴을 넣어 잘 섞는다. 올리브오일을 가늘게 조금씩 넣어주면서 핸드블렌더로 혼합해 유화한다.

플레이팅
DRESSAGE

각 접시에 프로마주 블랑 무스를 한 스푼씩 떠 놓는다. 클레망틴과 탠저린 귤의 과육 세그먼트를 몇 조각 놓고, 작게 자른 포치드 클레망틴과 클레망틴 껍질 콩피도 보기 좋게 놓는다. 클레망틴 즙 올리브오일을 접시에 조금 놓는다. 소르베에 티무트 후추를 뿌리고 롤처럼 말아 무스와 클레망틴 올리브오일 사이에 얹어 놓는다. 마이크로플레인® 그레이터로 클레망틴 제스트를 곱게 갈아 뿌려 마무리한다.

CLÉMENTINE POIVRE

준비 : 1 시간

8 인분

조리 : 30 분

휴지 : 하룻밤 + 6 시간

금귤 가토 바스크

라임 설탕
라임 제스트 4개분
설탕 200g

포치드 금귤
금귤 500g
설탕 1kg
물 2kg

오렌지 크렘 파티시에
크렘 파티시에 400g (p.314 참조)
오렌지 제스트 1개분

라임 아몬드 크림
아몬드 크림 240g (p.314 참조)
라임 제스트 1개분

파트 사블레 바스크
버터 250g
고운 소금 3g
비정제 황설탕 220g
베이킹파우더 3g
밀가루 310g
아몬드 가루 125g
달걀 90g

완성 재료
아몬드 가루
달걀노른자 1개

셰프의 팁
금귤의 모양을 그대로 유지하려면 너무 오래 가열하지 않는다.

라임 설탕
SUCRE CITRON VERT

마이크로플레인® 그레이터로 라임 제스트를 곱게 갈아 설탕 위에 뿌린다. 통풍이 잘 되는 곳에서 3시간 동안 건조시킨다.

포치드 금귤
KUMQUATS POCHÉS

포치드 시트러스 만드는 레시피를 참조해 (p.315 참조) 포치드 금귤을 만든다. 단, 금귤은 2등분하고, 끓는 물에 한 번만 데친다.

오렌지 크렘 파티시에
CRÈME PÂTISSIÈRE ORANGE

크렘 파티시에를 만들고 (p.314 참조), 마지막에 오렌지 제스트를 갈아 넣는다.

라임 아몬드 크림
CRÈME AMANDE-CITRON VERT

아몬드 크림을 만든 다음 (p.314 참조), 라임 제스트를 갈아 넣어 섞는다.

파트 사블레 바스크
PÂTE SABLÉE BASQUE

버터, 소금, 황설탕, 베이킹파우더, 밀가루, 아몬드 가루를 혼합해 모래와 같은 부슬부슬한 질감이 되도록 섞는다. 달걀을 넣어 균일하게 혼합한 뒤 반죽을 3mm 두께로 밀어준다. 1.5cm x 21.25cm 크기의 긴 띠 모양으로 8장, 지름 7cm의 원반형 8장, 지름 6.3cm의 원반형 8장으로 잘라 놓는다.

완성하기
MONTAGE ET FINITIONS

유산지를 2cm x 22.5cm 크기로 잘라 8장의 띠 모양을 준비한다. 지름 7cm의 타르트 링 안 쪽에 유산지 띠를 대준 다음, 1.5cm 폭의 긴 띠 모양 반죽으로 두르고 바닥엔 6.3cm 원반을 깔아준다. 실리콘 패드 (Silpat®)에 버터를 바른 다음 라임 설탕을 뿌린다. 반죽을 깐 타르트 링들을 그 위에 올린다. 바닥 안쪽에 아몬드 가루를 조금 뿌리고 라임 아몬드 크림을 한 켜 채워 넣는다. 그 위에 포치드 금귤을 놓고, 오렌지 크렘 파티시에를 짤주머니로 짜 얹는다. 맨 위에 지름 7cm짜리 원형 반죽을 덮고, 달걀노른자를 풀어 붓으로 바른 다음 30분간 건조시킨다. 오븐을 180°C로 예열한다. 가토 표면을 달걀물로 다시 한번 발라준 다음 삼지창 포크를 사용해 줄무늬를 내준다. 오븐에 넣고 7분간 구운 다음 중간에 베이킹 팬을 한 번 돌려주고 다시 7분간 굽는다. 오븐의 온도를 150°C로 낮추고 다시 6분 동안 굽는다. 베이킹 팬을 한 번 돌려준 다음 다시 6분간 구워 완성한다.

GÂTEAU BASQUE KUMQUAT

준비 : 1 시간

8 인분

조리 : 25 분

휴지 : 3 시간 30 분

준비 : 2 시간 30 분

8 ~ 10 인분

조리 : 45 분

휴지 : 24 시간 + 6 시간

오렌지 타르트

타르트 시트
파트 쉬크레 590g (p.312 참조)

오렌지 소르베
오렌지 즙 450g
설탕 175g
물 190g
오렌지 제스트 2개분

달걀물
달걀노른자 100g
생크림 (crème liquide) 25g

오렌지 아몬드 크림
아몬드 크림 150g (p.314 참조)
럼 6g
오렌지 제스트 1개분

오렌지 그랑 마르니에 크레뫼
판 젤라틴 1/2장
오렌지 즙 75g
그랑 마르니에 (Grand Marnier® Cordon Rouge) 40g
레몬 즙 15g
오렌지 제스트 15g
달걀 200g
설탕 55g
버터 120g

오렌지 세미 콩피
오렌지 60g
설탕 125g
물 250g

클레망틴 마멀레이드
클레망틴 375g
설탕 165g
레몬 즙 100g
펙틴 4g

완성 재료
생 오렌지 과육 세그먼트 4개분

타르트 시트
FONDS DE TARTE

하루 전날. 파트 쉬크레를 만들어 타르트 틀에 앉힌 다음 (p.312 참조), 냉장고에 하루 동안 넣어 표면이 꾸둑해지도록 굳힌다.

오렌지 소르베
SORBET ORANGE

당일 아침. 오렌지 즙, 설탕, 물을 끓인 후 용기에 덜어 냉장고에 6시간 넣어둔다. 곱게 간 오렌지 제스트를 넣어 섞은 다음 아이스크림 제조기에 넣어 돌린다. 소르베가 완성되면 플레이팅할 때까지 냉동실에 보관한다.

달걀물 입히기
DORURE

오븐을 160°C로 예열한다. 타르틀레트 시트를 오븐에 넣어 25분간 굽는다. 달걀노른자와 생크림을 섞어 달걀물을 만든 다음 초벌구이한 시트에 붓으로 발라준다. 다시 오븐에 넣어 10분간 굽는다.

오렌지 아몬드 크림
CRÈME AMANDE-ORANGE

아몬드 크림을 만든 다음 (p.314 참조), 럼과 오렌지 제스트를 넣어 섞는다. 구워 놓은 타르틀레트 시트 안에 오렌지 아몬드 크림을 넣고, 160°C 오븐에 넣어 다시 10분간 굽는다.

오렌지 그랑 마르니에 크레뫼
CRÉMEUX ORANGE-GRAND MARNIER®

젤라틴을 찬물에 담가 불린다. 오렌지 즙과 그랑 마르니에, 레몬 즙, 오렌지 제스트, 달걀, 설탕을 냄비에 넣고 가열한다. 끓기 시작하면 불에서 내린 뒤 물을 꼭 짠 젤라틴을 넣고, 이어서 버터를 넣어준다. 핸드블렌더로 갈아 잘 혼합한다.

오렌지 세미 콩피
ORANGES SEMI-CONFITES

오렌지의 꼭지를 떼어낸 다음 8등분으로 자른다. 껍질에 살을 3mm 정도만 붙어 있게 놓아둔 상태로 속을 잘라낸다. 포크로 군데군데 찍어준 다음 끓는 물에 3번 데친다. 오렌지 껍질을 매번 찬물에 넣고 시작해 함께 끓여 데쳐야 한다. 설탕과 물을 끓인 다음 오렌지 껍질을 이 시럽에 담근다. 뚜껑을 닫고 약한 불에서 졸이듯이 끓인다. 오렌지 껍질이 연하게 익으면 건져낸다. 남은 시럽을 졸인 다음 온도가 105°C가 되었을 때 오렌지 껍질을 다시 넣어 담근다. 약하게 끓어오르기 시작하면 불에서 내린다.

클레망틴 마멀레이드
MARMELADE DE CLÉMENTINE

클레망틴의 꼭지를 떼어낸 다음 찬물에 넣어 5분간 끓인다. 건져낸 다음 4등분하고, 설탕 120g과 레몬 즙을 넣은 다음 다시 끓인다. 핸드블렌더로 갈아 혼합한 다음, 펙틴과 섞은 나머지 분량의 설탕을 넣고 끓을 때까지 가열한다. 식힌 다음 스푼으로 접시 위에 보기 좋게 둘러준다.

완성하기
MONTAGE ET FINITIONS

타르트에 오렌지 그랑 마르니에 크레뫼를 채운 다음, 오렌지 과육 세그먼트와 오렌지 세미 콩피를 얹어준다. 마지막으로 소르베에 티무트 후추를 솔솔 뿌린 다음 돌돌 말아 떠서 타르트 위에 올린다. 접시에 마멀레이드를 펴 놓고 그 위에 타르트를 얹어 서빙한다.

TARTE ORANGE

준비 : 3 시간 30 분

10 인분

조리 : 30 분

휴지 : 24 시간 + 4 시간

오렌지 타르틀레트

타르틀레트 시트
파트 쉬크레 590g (p.312 참조)

오렌지 휩드 가나슈
판 젤라틴 2장
생크림 (crème liquide) 530g
화이트 커버처 초콜릿 (ivoire) 144g
오렌지 즙 120g

오렌지 마멀레이드 인서트
물 120g
오렌지 즙 180g
설탕 30g
한천 4g
포치드 오렌지 170g (p.315 참조)
핑거라임 54g
생 오렌지 과육 세그먼트 40g

달걀물
달걀노른자 100g
생크림 (crème liquide) 25g

오렌지 아몬드 크림
아몬드 크림 300g (p.314 참조)
생 오렌지 1개

오렌지 페이스트
오렌지 80g
오렌지 콩피 40g
오렌지 즙 80g

완성 재료
오렌지색 코팅
코팅 혼합물 300g
(p.317 코팅하기 참조)
지용성 식용색소 (오렌지색) 5g
무색 나파주 (nappage neutre) 20g
키르슈 50g
오렌지색 펄 파우더 5g
클레망틴 잎 10장

오렌지 크럼블
크럼블 반죽 100g (p.312 참조)
지용성 식용색소 (오렌지색) 1.7g
오렌지 제스트 1개분

타르틀레트 시트
FONDS DE TARTELETTES

하루 전날. 파트 쉬크레를 만들어 타르트 틀에 앉힌 다음 (p.312 참조), 냉장고에 하루 동안 넣어 표면이 꾸둑해지도록 굳힌다.

오렌지 휩드 가나슈
GANACHE MONTÉE ORANGE

하루 전날. 젤라틴을 찬물에 담가 20분간 불린다. 생크림 분량의 반을 뜨겁게 데운 다음 물을 꼭 짠 젤라틴을 넣어 섞는다. 이것을 초콜릿 위에 조금씩 부어가며 잘 혼합한다. 나머지 분량의 차가운 생크림과 오렌지 즙을 넣은 다음 핸드블렌더로 갈아 유화한다. 밀폐용기에 담고 랩을 표면에 밀착시켜 덮어준 다음 냉장고에 12시간 넣어둔다.

오렌지 마멀레이드 인서트
INSERT MARMELADE ORANGE

당일. 물과 오렌지 즙을 냄비에 넣고 가열한다. 설탕과 한천을 섞어 여기에 넣고 2분간 끓인 뒤 넓은 용기에 덜어 즉시 냉장고에 넣어 식힌다. 식은 혼합물을 꺼내 공기가 주입되지 않도록 주의하면서 핸드블렌더로 갈아 혼합한다. 곱게 다진 포치드 오렌지, 핑거라임, 생 오렌지 과육 세그먼트를 넣고 섞는다. 완성된 마멀레이드를 지름 3.5cm 크기의 반구형 실리콘 틀에 채우고 냉동실에 1시간 넣어두어 완전히 얼린다.

달걀물 입히기
DORURE

오븐을 160℃로 예열한다. 타르틀레트 시트를 오븐에 넣어 20분간 굽는다.
달걀노른자와 생크림을 섞어 달걀물을 만든 다음 초벌구이한 시트에 붓으로 발라준다.
다시 오븐에 넣어 5분간 굽는다.

오렌지 아몬드 크림
CRÈME AMANDE-ORANGE

아몬드 크림을 만든 다음 (p.314 참조), 오렌지 제스트를 갈아 넣어 섞는다. 구워 놓은 타르틀레트 시트 안에 오렌지 아몬드 크림을 짜 넣고 오렌지 과육 세그먼트를 얹는다. 오븐에 넣어 다시 5분간 굽는다.

오렌지 페이스트
PÂTE D'ORANGE

생 오렌지, 오렌지 콩피, 오렌지 즙을 모두 블렌더에 넣고 갈아준 다음, 구워낸 타르틀레트의 아몬드 크림 층 위에 발라 얹는다.

완성하기
MONTAGE ET FINITIONS

차가운 믹싱볼에 가나슈를 넣고 거품기로 휘핑한 다음, 짤주머니를 사용해 지름 4.5cm 크기의 반구형 실리콘 틀에 채워 넣는다. 냉동된 오렌지 마멀레이드 인서트를 가운데에 하나씩 넣고 가나슈로 덮은 뒤 냉동실에 넣어 3시간 동안 얼린다. 반구형 모양이 얼면 몰드에서 분리한 다음 오렌지 모양으로 성형한다. 오렌지색 코팅 혼합물을 준비한다 (p.317 참조). 혼합물의 온도가 25℃가 되면 성형한 반구형 오렌지 모양을 담가 코팅한다. 스프레이건으로 같은 코팅 혼합물을 분사해 오렌지를 벨벳과 같은 느낌으로 코팅해준다. 이때 군데군데 매끄러운 자국을 남겨 자연스럽게 고르지 않은 껍질 효과를 내준다. 오렌지 겉면을 따라 따뜻한 무색 나파주를 붓으로 얇게 발라 껍질과 같은 효과를 내준다. 키르슈와 오렌지색 펄 파우더를 섞어 스프레이건에 넣고 분사해 반짝이는 오렌지색 코팅으로 마무리한다. 각 타르틀레트 시트 위에 오렌지 반 개의 모양을 얹어 놓고, 오렌지색 크럼블 (p.312 참조)을 가장자리 연결 부분에 빙 둘러붙여 완성한다.

TARTELETTES ORANGE

오렌지 재스민 에클레어

오렌지 가나슈

화이트 커버처 초콜릿 (ivoire) 110g
가루 젤라틴 2g
물 12g
생크림 (crème liquide) 400g
오렌지 즙 90g
오렌지 제스트 2개분

에클레어

슈 반죽 400g

오렌지 크럼블
크럼블 반죽 350g
지용성 식용색소 (오렌지색) 5g
이산화티탄 1g

오렌지 글라사주
흰색 전분 글라사주 300g
식용색소 (오렌지색) 10g

가보트 크리스피
가보트 반죽 400g
재스민 블라섬

오렌지 마멀레이드

물 120g
오렌지 즙 180g
설탕 30g
한천 4g
포치드 오렌지 170g (p.315 참조)
핑거라임 54g
오렌지 과육 세그먼트 40g
재스민 2g

오렌지 가나슈
GANACHE ORANGE

하루 전날. 젤라틴을 분량의 따뜻한 물에 섞어서 20분 정도 불린다. 생크림 분량의 반을 뜨겁게 데운 다음 젤라틴을 넣어 섞는다. 이것을 녹인 초콜릿 위에 조금씩 부어가며 잘 혼합한다. 나머지 분량의 차가운 생크림과 오렌지 즙, 오렌지 제스트를 넣은 다음 핸드블렌더로 갈아 유화한다. 원형 깍지를 끼운 짤주머니에 채워 넣은 뒤 냉장고에 12시간 넣어둔다.

에클레어
ÉCLAIRS

당일. 레시피 분량대로 오렌지 크럼블을 만든다 (p.312 참조). 슈 반죽으로 에클레어를 만들고 (p.318 참조) 오렌지 크럼블을 덮어 180℃ 오븐에서 20분간 굽는다. 오븐 온도를 160℃로 낮춘 후 다시 15분간 구워낸다. 오렌지색 글라사주와 가보트 크리스피를 만들어둔다 (p.319 참조).

오렌지 마멀레이드
MARMELADE D'ORANGE

물과 오렌지 즙을 냄비에 넣고 가열한다. 설탕과 한천을 섞어 여기에 넣고 2분간 끓인 뒤 넓은 용기에 덜어 즉시 냉장고에서 식힌다. 식은 혼합물을 꺼내 공기가 주입되지 않도록 주의하면서 핸드블렌더로 갈아 혼합한다. 핑거라임 알갱이, 잘게 자른 오렌지 과육 세그먼트, 곱게 다진 포치드 오렌지를 넣고 살살 섞어준다. 재스민을 굵직하게 썰어 넣어준다.

완성하기
MONTAGE ET FINITIONS

뾰족한 칼끝 등을 이용해 에클레어 슈의 밑면에 4개의 구멍을 뚫은 후 짤주머니로 가나슈를, 이어서 마멀레이드를 짜 넣어 가득 채운다. 오렌지색 글라사주를 전자레인지에 데워 27℃로 만든 다음, 에클레어 윗면에 우선 한 번 입힌다. 냉동실에 5분간 넣었다가 꺼내 두 번째 글라사주를 입힌다. 냉장고에 몇 분간 넣어 굳힌다. 재스민 꽃잎 몇 장을 가보트 크리스피 볼 (p.313 참조)에 얹은 다음, 에클레어마다 크리스피 볼을 3개씩 올려 완성한다.

ORANGE JASMIN ÉCLAIRS

준비 : 2 시간

8 인분

조리 : 35 분

휴지 : 12 시간 + 1 시간

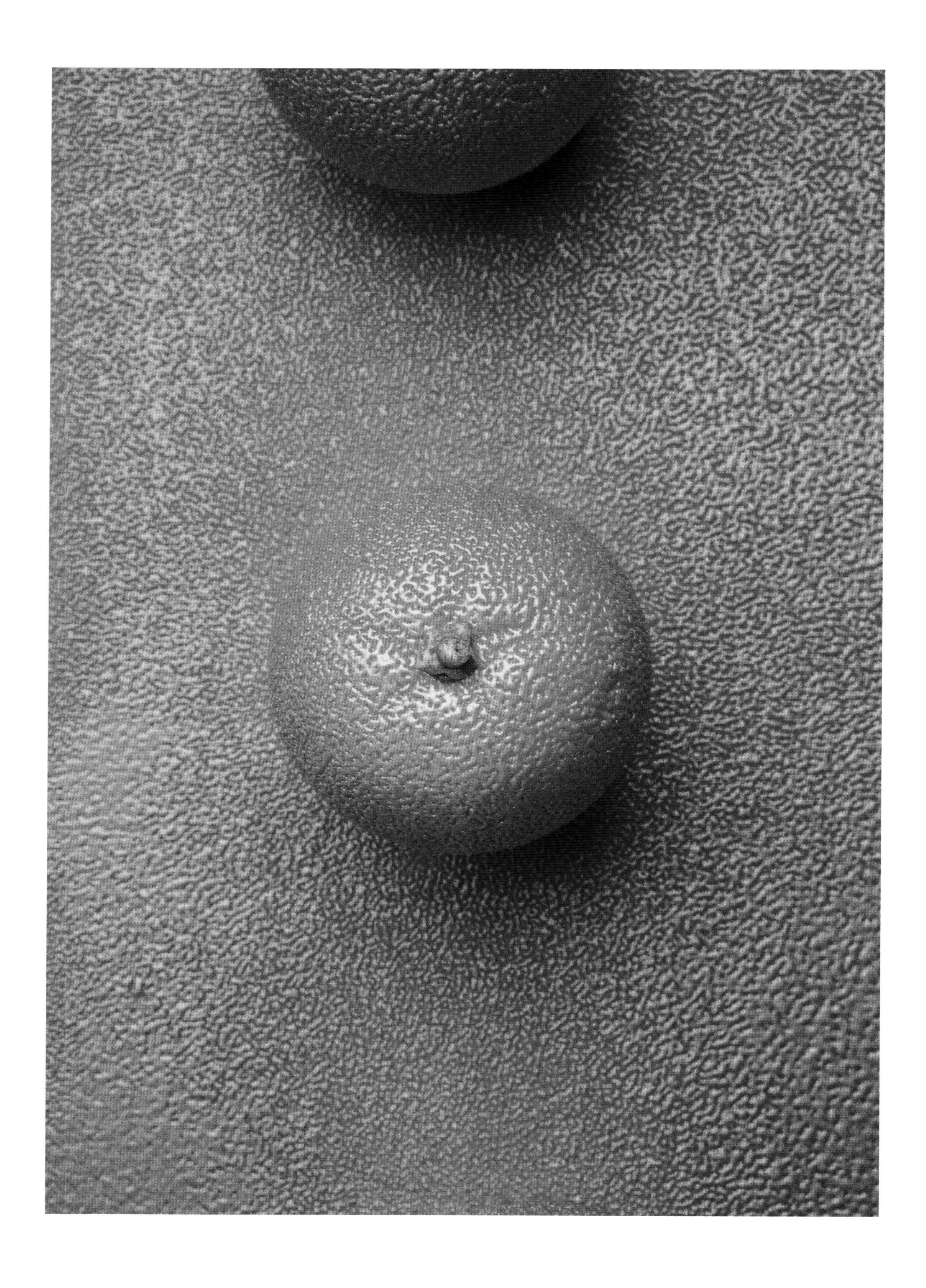

자몽 타르틀레트

타르틀레트 시트
파트 쉬크레 590g (p.312 참조)

자몽 휩드 가나슈
가루 젤라틴 4g
물 24g
생크림 (crème liquide) 530g
화이트 커버처 초콜릿 (ivoire) 144g
생 자몽 즙 120g

자몽 마멀레이드 인서트
물 120g
자몽 즙 180g
설탕 30g
한천 4g
포치드 자몽 170g (p.315 참조)
핑거라임 54g
자몽 과육 세그먼트 40g

달걀물
달걀노른자 100g
생크림 (crème liquide) 25g

자몽 아몬드 크림
아몬드 크림 300g (p.314 참조)
생 자몽 1개

자몽 페이스트
생 자몽 80g
자몽 콩피 40g
자몽 즙 80g

완성 재료
핑크색 코팅
코팅 혼합물 300g (p.317 코팅하기 참조)
지용성 티탄 색소 5g
식용색소 (빨강) 0.2g
무색 나파주 (nappage neutre) 20g
키르슈 50g
루비색 펄 파우더 5g

오렌지 크럼블
크럼블 반죽 100g (p.312 참조)
지용성 식용색소 (오렌지색) 1.7g
오렌지 제스트 1개분

만드는 법은 오렌지 타르틀레트와 동일하다 (p.55 참조).
제시된 레시피의 분량을 사용해 같은 순서와 방법으로 만든다.

TARTELETTES PAMPLEMOUSSE

준비 : 3 시간 30 분

10 인분

조리 : 35 분

휴지 : 24 시간 + 4 시간

준비 : 1 시간

8 인분

조리 : 15 분

휴지 : 하룻밤

자몽, 프로마주 블랑

프로마주 블랑 무스
프로마주 블랑 400g
자몽 즙 40g
생크림 (crème liquide) 250g
달걀흰자 60g
설탕 40g

자몽 소르베
자몽 즙 500g
설탕 50g
포도당 분말 5g
자몽 제스트 1/2개분

자몽 껍질 콩피
자몽 껍질 100g
자몽 즙 500g
설탕 250g

포치드 자몽
자몽 5개
설탕 175g
물 250g

피스투
민트 100g
아몬드 페이스트 50g
올리브오일 200g
꿀 40g
잘게 부순 얼음 50g
물 50g

자몽 그라니타
자몽 즙 500g

완성 재료
티무트 후추 (poivre Timut)
핑크 자몽 과육 세그먼트 40조각
포멜로 과육 세그먼트 40조각

프로마주 블랑 무스
MOUSSE FROMAGE BLANC

하루 전날. 프로마주 블랑과 자몽 즙을 잘 섞는다. 전동 스탠드 믹서 볼에 생크림을 넣고 와이어 휩으로 돌려 단단하게 휘핑한 뒤 덜어내어 보관한다. 믹싱볼을 깨끗이 씻은 다음 달걀흰자를 넣고 와이어 휩을 돌려 거품을 낸다. 설탕을 넣어가며 거품을 올려 머랭을 만든다. 이것을 프로마주 블랑과 섞은 다음, 휘핑해 놓은 크림을 넣고 살살 혼합한다. 혼합물을 고운 체 위에 얹은 상태로 하룻밤을 두어 수분이 빠지도록 한다.

자몽 소르베
SORBET PAMPLEMOUSSE

하루 전날. 자몽 즙의 일부와 설탕, 포도당 분말을 혼합한 다음 끓여 시럽을 만든다. 냉장고에 하룻밤 넣어둔다.
당일. 나머지 자몽 즙과 제스트를 넣은 다음, 아이스크림 제조기에 넣고 돌린다.

자몽 껍질 콩피
ÉCORCES DE PAMPLEMOUSSE CONFITES

감자 필러로 자몽 껍질을 저며 벗겨 소스팬에 넣는다. 자몽 즙과 설탕을 넣고 가열해 끓기 시작하면 불을 줄이고 자몽 껍질이 시럽에 윤기나게 조려질 때까지 15분 정도 아주 약하게 끓인다.

포치드 자몽
PAMPLEMOUSSES POCHÉS

레시피 분량대로 포치드 시트러스 조리법에 따라 (p.315 참조) 포치드 자몽을 만든다.

피스투
PISTOU

민트, 아몬드 페이스트, 올리브오일, 꿀, 잘게 부순 얼음, 물을 블렌더에 넣고 빠른 속도로 재빨리 갈아 혼합한다.

자몽 그라니타
GRANITÉ PAMPLEMOUSSE

자몽 즙을 얼린 다음 포크로 긁어 알갱이가 있는 거친 질감의 그라니타를 만든다.

완성하기
MONTAGE ET FINITIONS

미리 냉동실에 넣어두었던 접시에 그라니타를 깔아준 다음 피스투를 조금 놓는다. 소르베 표면에 후추를 조금 뿌리고 돌돌 말아 떠서 피스투 위에 놓는다. 프로마주 블랑 무스를 놓고, 신선한 자몽과 포멜로 과육 세그먼트, 자몽 껍질 콩피, 포치드 자몽을 보기 좋게 플레이팅한다.

FRU
ANO

핵과류

핵과류

살구
ABRICOT

계절
6월~8월

고르는 요령
향이 좋고 살이 많으며 만졌을 때
말랑한 탄력이 느껴지는 것이 좋다.

평균 중량
45g

보관
상온 보관.
날씨가 더울 경우에는 냉장고 야채 칸에
보관한다. 최대 2~3일 정도

어울리는 재료
로즈마리, 럼, 라벤더, 꿀, 레몬 즙

미라벨 자두
MIRABELLE

계절
8월, 9월

고르는 요령
향이 좋고 껍질은 얇고 팽팽하며
적갈색 점무늬가 있는 것이 좋다.

평균 중량
15g

보관
냉장고 야채 칸에서 5일까지.
먹기 20분 전에 미리 꺼내둔다.

어울리는 재료
키르슈, 토마토, 아몬드, 꿀

천도복숭아, 넥타린
NECTARINE

계절
6월~8월

고르는 요령
향이 진하고 만졌을 때
말랑한 탄력이 느껴지는 것이 좋다.

평균 중량
150g

보관
서늘한 곳에서 이틀 정도

어울리는 재료
아몬드, 카다멈*, 레몬

복숭아
PÊCHE

계절
6월~8월

고르는 요령
향이 진하고 만졌을 때 말랑한 탄력이
느껴지는 것이 좋다. 껍질이 부드러운 솜털로
덮여 있으며 주황색 또는 연한 자줏빛을 띠는
것을 고른다.

평균 중량
150g

보관
서늘한 곳에서 최대 이틀

어울리는 재료
헤이즐넛, 오렌지, 배, 버베나

* cardamome (*Elettaria Cardamomum*) : 생강과에 속하는 인도의 향신료로 소두구, 백두구라고도 불리며, 주로 제과제빵이나 피클 등에 사용된다.

살구 타르틀레트

타르틀레트 시트
파트 쉬크레 590g (p.312 참조)

살구 휩드 가나슈
가루 젤라틴 2.5g
물 17.5g
화이트 커버처 초콜릿 (ivoire) 60g
생크림 (crème liquide) 100g
카카오 버터 62g
생 살구 주스 330g
마스카르포네 100g

살구 젤
설탕 7g
한천 2.5g
생 살구 주스 150g
레몬 즙 5g

살구 인서트
생 살구 200g
올리브오일
로즈마리 1줄기
살구 젤 160g

달걀물
달걀노른자 100g
생크림 (crème liquide) 25g

로즈마리 아몬드 크림
아몬드 크림 150g (p.314 참조)
로즈마리 잎 5g

살구 콩포트
살구 500g
레몬 즙 30g
꿀 15g
로즈마리 1줄기

완성 재료
오렌지색 코팅
코팅 혼합물 300g (p.317 코팅하기 참조)
지용성 식용색소 (오렌지) 4g

붉은색 코팅
코팅 혼합물 100g (p.317 코팅하기 참조)
식용색소 (빨강) 1g

오렌지색 크럼블
크럼블 반죽 100g (p.312 참조)
지용성 식용색소 (오렌지) 1g
무색 나파주 (nappage miroir) 50g
무가당 코코아 가루 50g

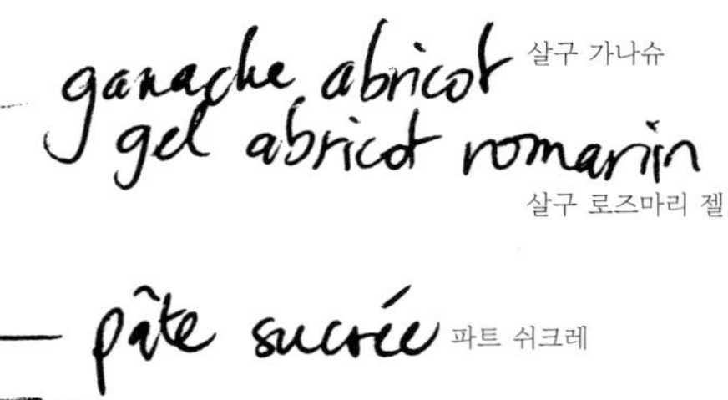

TARTELETTES ABRICOT

준비 : 3 시간 30 분

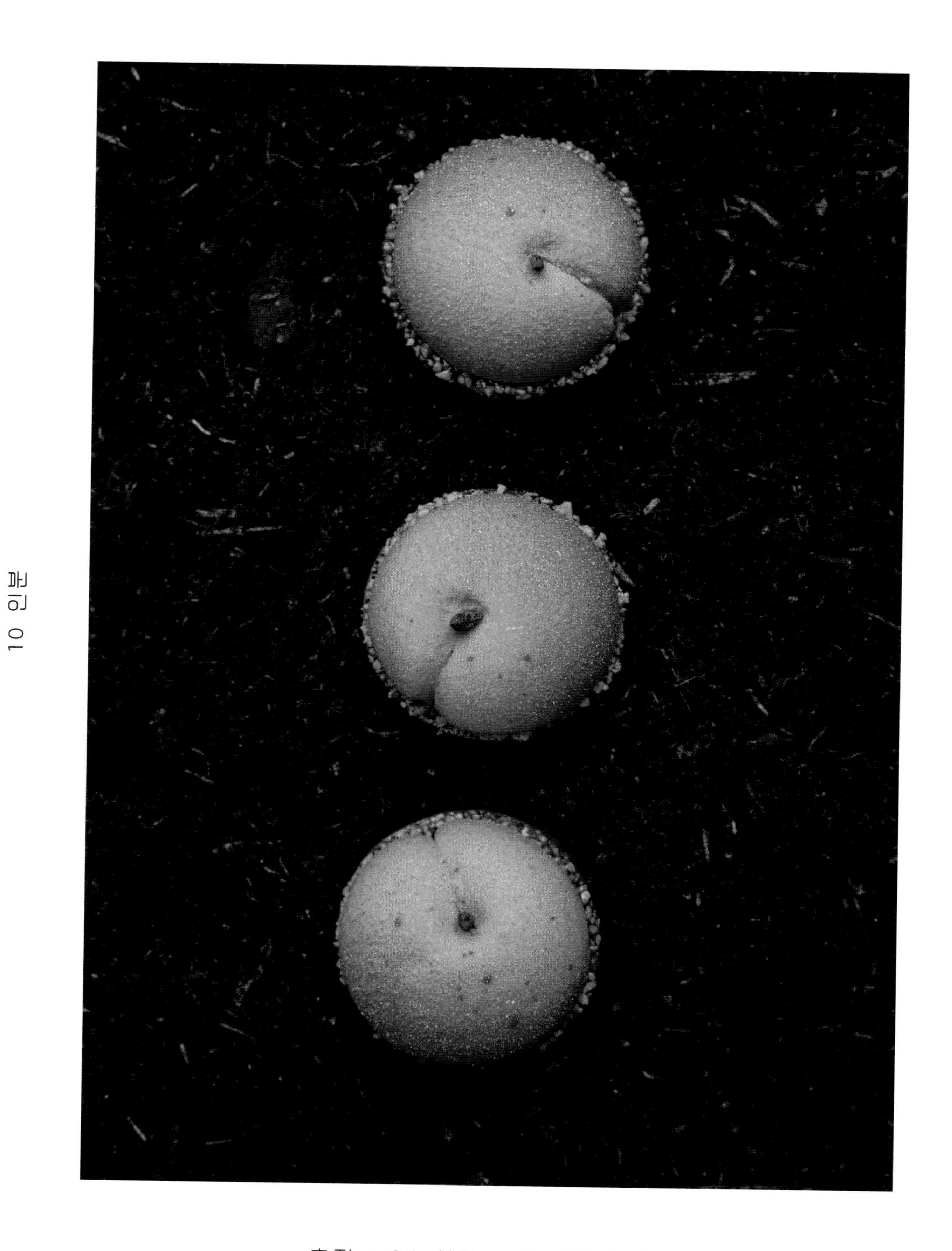

조리 : 40 분

휴지 : 24 시간 + 6 시간 30분

10 인분

살구 타르틀레트

타르틀레트 시트
FONDS DE TARTELETTES

하루 전날. 파트 쉬크레를 만들어 타르틀레트 틀에 앉힌 다음 (p.312 참조), 냉장고에 하루 동안 넣어 표면이 꾸둑해지도록 굳힌다.

살구 휩드 가나슈
GANACHE MONTÉE ORANGE

하루 전날. 젤라틴을 분량의 따뜻한 물에 섞어서 20분 정도 불린다. 커버처 초콜릿을 녹인 뒤 젤라틴을 넣어 혼합한다. 생크림을 뜨겁게 데운 뒤 첫 번째 혼합물에 부어 섞는다. 카카오 버터를 녹여 혼합물에 넣은 다음 핸드블렌더로 2분 정도 갈아 유화한다. 마지막으로 살구 즙과 마스카르포네를 넣고 핸드블렌더로 갈아 혼합한 뒤 냉장고에 12시간 넣어둔다.

살구 젤
GEL D'ABRICOT

당일. 살구 즙을 뜨겁게 데운 다음 미리 한천과 혼합해둔 설탕을 넣고 잘 섞는다. 이어서 레몬 즙을 넣고 섞어준다. 냉장고에 30분간 넣어 식힌다. 차가워진 혼합물을 핸드블렌더로 3분간 갈아 혼합한다.

살구 인서트
INSERT ABRICOT

오븐을 250°C로 예열한다. 생 살구를 불규칙한 큐브 모양으로 썰어 베이킹 팬 위에 넓게 펴 놓는다. 올리브오일을 뿌린 뒤 오븐에 넣어 2분 동안 슬쩍 구워내 수분이 나오도록 한다. 꺼낸 뒤 용기에 덜고, 냉장고에 1시간 동안 넣어 식힌다. 로즈마리 잎을 잘게 다진다. 살구와 로즈마리를 살구 젤에 넣고 섞은 뒤 지름 3.5cm 반구형 실리콘 틀에 채워 넣는다. 냉동실에 1시간 넣어두어 완전히 얼린다.

달걀물 입히기
DORURE

오븐을 160°C로 예열한다. 타르틀레트 시트를 오븐에 넣어 20분간 굽는다.
달걀노른자와 생크림을 섞어 달걀물을 만든 다음 초벌구이한 타르틀레트 시트에 붓으로 발라준다.
다시 오븐에 넣어 5분간 굽는다.

로즈마리 아몬드 크림
CRÈME AMANDE-ROMARIN

아몬드 크림을 만든 다음 (p.314 참조), 잘게 다진 로즈마리 잎을 넣어 섞는다.
짤주머니에 채워 넣은 뒤 냉장고에 보관한다. 타르틀레트 시트에 로즈마리 아몬드 크림을 짜 넣은 뒤 오븐에 넣어 5분간 더 굽는다.

TARTELETTES ABRICOT

살구 콩포트
COMPOTÉE D'ABRICOT

살구를 큐브 모양으로 썰어 레몬 즙, 꿀, 로즈마리와 함께 수비드용 비닐팩에 넣는다. 100°C로 맞춘 스팀 오븐에 넣어 7분간 익히거나, 약하게 끓는 물이 담긴 냄비에 넣어 익힌다.

조립하기
MONTAGE

차가운 믹싱볼에 살구 가나슈를 넣고 거품기로 돌려 휘핑한 다음, 짤주머니를 사용해 지름 4.5cm 크기의 반구형 실리콘 틀에 채워 넣는다. 가운데에 냉동된 살구 인서트를 하나씩 넣고 가나슈로 덮은 뒤 냉동실에 넣어 3시간 동안 얼린다. 반구형 모양이 얼면 틀에서 분리한 다음 살구 모양으로 성형한다. 오렌지색 코팅 혼합물을 준비한다 (p.317 참조). 온도를 25°C로 맞춘 뒤 반구형 살구 모양을 나무 꼬치로 찍어 혼합물에 담가 코팅한다.
냉장고에 1시간 동안 넣어두어 서서히 해동시킨다.

코팅 및 완성하기
ENROBAGE ET FINITIONS

오렌지색과 붉은색 코팅 혼합물을 각각 준비한다 (p.317 참조). 오렌지색 코팅 혼합물의 온도를 40°C에 맞춘 다음 스프레이건으로 분사해 반구형의 살구 표면 전체를 벨벳과 같은 느낌으로 코팅해준다. 붓을 사용해 붉은색 코팅 혼합물 (40°C)을 부분적으로 입혀 자연스러운 붉은 기를 표현한다. 나파주 미루아르를 40°C로 데운 다음 살구 모양 전체에 분사해 촉촉하고 윤기나는 표면으로 마무리한다. 타르틀레트 시트의 아몬드 크림 위에 살구 콩포트를 발라 얹은 다음, 반구형 살구 모양을 하나씩 올린다. 크럼블을 부수어 가장자리 연결 부위에 빙 둘러 붙여준다. 마지막으로 초콜릿을 분쇄해 불규칙한 모양의 알갱이로 만든다. 이를 코코아 가루에 굴려 살구 꼭지를 만든다. 반구형 살구 위에 하나씩 얹어 완성한다.

준비 : 2 시간

8 ~ 10 인분

조리 : 1 시간

휴지 : 24 시간 + 40 분

살구 로즈마리 타르트

타르트 시트
파트 쉬크레 590g (p.312 참조)
달걀노른자 100g
생크림 (crème liquide) 25g

로즈마리 아몬드 크림
아몬드 크림 300g (p.314 참조)
살구 2개
로즈마리 1줄기

살구 콩포트
살구 1kg
버터 50g
비정제 황설탕 50g
물 30g
커스터드 분말 8g

크럼블
버터 220g
설탕 150g
밀가루 (T45) 275g
아몬드 슬라이스 300g
슈거파우더

완성 재료
살구 11개
로즈마리 파우더 1g (p.317 참조)

타르트 시트
FOND DE TARTE

하루 전날. 파트 쉬크레를 만들어 타르트 틀에 앉힌 다음 (p.312 참조), 냉장고에 하루 동안 넣어 표면이 꾸둑해지도록 굳힌다.
당일. 160°C로 예열한 오븐에 타르트 시트를 넣어 25분간 굽는다. 달걀노른자와 생크림을 섞어 달걀물을 만든 다음 초벌구이한 타르트 시트에 붓으로 발라준다. 다시 오븐에 넣어 10분간 더 굽는다.

로즈마리 아몬드 크림
CRÈME AMANDE-ROMARIN

아몬드 크림을 만들어 (p.314 참조) 냉장고에 30분 정도 넣어둔다. 구워 놓은 타르트 시트 안에 아몬드 크림을 채워 넣는다. 살구는 적당한 크기로 등분하고, 로즈마리 잎은 잘게 다져 모두 타르트 안 아몬드 크림에 넣어준다. 160°C 오븐에 넣어 다시 10분간 굽는다.

살구 콩포트
COMPOTÉE D'ABRICOT

살구를 사방 1cm 크기의 큐브 모양으로 썬다. 소스팬에 버터를 넣고 가열해 갈색이 나기 시작하면 살구를 넣고 흔들어가며 버터를 골고루 입힌다. 뚜껑을 닫고 약한 불에서 중간중간 저어주며 5분간 익힌다. 살구가 1/3 정도 무르게 익으면 된다. 황설탕을 넣고 30초간 녹도록 둔다. 커스터드 분말을 물에 풀어 살구 콩포트에 넣고 2분간 끓인다. 바로 냉동실에 넣어 10분간 식힌다. 원형 깍지를 끼운 짤주머니에 콩포트를 넣고 타르트 위에 짜 얹는다. L자 스패출러를 사용해 표면을 매끈하게 정리한다.

크럼블
CRUMBLE

전동 스탠드 믹서 볼에 버터와 설탕, 밀가루를 넣고 플랫비터 (나뭇잎 모양 핀)를 돌려 모래와 같이 부슬부슬한 질감이 되도록 혼합한다. 아몬드 슬라이스를 넣고 섞는다. 타르트 위에 이 크럼블을 흩뿌려 얹고 슈거파우더를 솔솔 뿌린 다음 160°C오븐에서 15분간 굽는다.

완성하기
MONTAGE ET FINITIONS

살구를 갸름하게 등분한 다음, 분량의 반은 팬에 설탕과 버터를 넣고 재빨리 볶는다. 나머지 반은 생과일로 사용한다. 팬에 구운 살구와 신선한 생 살구를 고루 섞어 타르트 위에 올린다. 로즈마리 파우더를 뿌려 완성한다. 따뜻하게 서빙한다.

TARTE ABRICOT ROMARIN

준비 : 1 시간

6 인분

조리 : 8 분

휴지 : 2 시간 20 분

라벤더 향의 구운 살구

라벤더 마스카르포네 크림
라벤더 플라워 5g
생크림 (crème fleurette) 125g
마스카르포네 125g
설탕 25g

구운 살구
생 살구 12개
버터 20g
아스코르빅산 2g
설탕 35g
바닐라 슈거 10g
라벤더 1줄기

살구 올리브오일 비네그레트
가루 젤라틴 3g
물 21g
생 살구 주스 250g
꿀 (miel Béton) 또는 라벤더 꿀 24g
레몬 즙 36g
올리브오일 (Casanova®) 120g

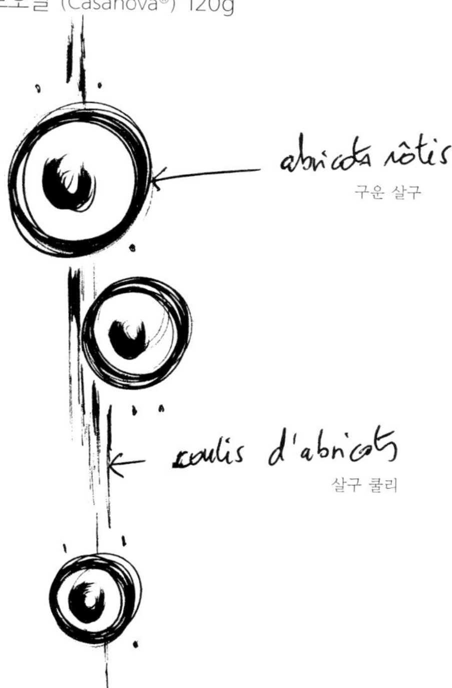

라벤더 마스카르포네 크림
CRÈME MASCARPONE-LAVANDE

소스팬에 라벤더와 생크림 분량 1/3을 넣고 따뜻하게 데운다. 그대로 냉장고에 20분간 넣어 식힌다. 여기에 나머지 생크림과 마스카르포네, 설탕을 넣고 거품기로 골고루 섞는다. 냉장고에 2시간 넣어둔다.

구운 살구
ABRICOTS RÔTIS

데크 오븐을 175℃로 예열한다. 살구를 반으로 잘라 씨를 뺀 다음 볼에 담고, 녹인 버터와 아르코르빅산을 넣어 섞어준다. 베이킹 팬에 유산지를 깔고 살구를 펼쳐 놓은 다음 설탕, 바닐라 슈거, 라벤더를 솔솔 뿌린다. 오븐에 넣어 8분간 굽는다.

살구 올리브오일 비네그레트
VINAIGRETTE ABRICOT-HUILE D'OLIVE

젤라틴을 분량의 따뜻한 물에 섞어서 20분 정도 불린다. 소스팬에 살구 주스를 넣고 살짝 데운 다음 젤라틴, 꿀, 레몬 즙을 넣어준다. 올리브오일을 조금씩 넣어주며 핸드블렌더로 갈아 유화해 비네그레트를 만든다.

완성하기
MONTAGE ET FINITIONS

라벤더 마스카르포네 크림을 거품기로 가볍게 휘핑한 다음, 반으로 잘라 구운 살구 중앙 움푹한 곳에 채워 넣는다. 살구 올리브오일 비네그레트를 가늘게 뿌려 서빙한다.

셰프의 팁
라벤더 마스카르포네 크림은 구운 살구에 닿으면서 녹기 시작한다. 이때 비네그레트를 뿌려준다.

ABRICOTS RÔTIS À LA LAVANDE

미라벨 자두 타르트

미라벨 베르쥐
미라벨 자두 100g
베르쥐 (verjus) 100g

타르트 시트
파트 쉬크레 590g (p.312 참조)

달걀물
달걀노른자 100g
생크림 (crème liquide) 25g

미라벨 아몬드 크림
아몬드 크림 300g (p.314 참조)
잘게 썬 미라벨 자두 100g

미라벨 마멀레이드
미라벨 자두 500g
설탕 30g
레몬 즙 25g
아스코르빅산 1g
키르슈 10g
펙틴 (pectine NH) 3.5g

완성 재료
생 미라벨 자두 180g

셰프의 팁
익지 않은 포도를 압착한 즙인 베르쥐는 미라벨 자두에 그 특유의 새콤한 맛을 더해주어 타르트에 특별한 변주를 준다.

미라벨 베르쥐
MIRABELLES VERJUS

하루 전날. 미라벨 자두를 베르쥐에 담가 하루 동안 재운다.

타르트 시트
FOND DE TARTE

하루 전날. 파트 쉬크레를 만들어 타르트 틀에 앉힌 다음 (p.312 참조), 냉장고에 하룻밤 넣어 표면이 꾸둑해지도록 굳힌다. 당일. 160℃로 예열한 오븐에 타르트 시트를 넣어 25분간 굽는다.

달걀물 입히기
DORURE

달걀노른자와 생크림을 섞은 다음, 스프레이건으로 초벌구이한 타르트 시트에 분사해 얇게 코팅하거나 붓으로 얇게 발라준다. 다시 오븐에 넣어 노릇한 색이 날때까지 10분 정도 굽는다.

미라벨 아몬드 크림
CRÈME AMANDE–MIRABELLES

아몬드 크림을 만든다 (p.314 참조). 미라벨 자두를 씻어 씨를 빼고 살을 작게 자른다. 타르트 시트에 아몬드 크림을 채워 넣고 미라벨 자두를 골고루 박아 넣는다. 160℃ 오븐에 넣어 10분간 굽는다.

미라벨 마멀레이드
MARMELADE DE MIRABELLES

미라벨 자두를 씻은 후 반으로 잘라 씨를 빼낸다. 미라벨에 설탕 20g, 레몬 즙, 아스코르빅산을 넣고 약한 불에서 익힌다. 키르슈를 넣고 불을 붙여 플랑베한 다음 원하는 농도가 될 때까지 5분 정도 졸인다. 나머지 설탕을 펙틴과 섞어 넣어준 다음 1분간 끓이고 불에서 내린다. 용기에 덜어놓는다.

완성하기
MONTAGE ET FINITIONS

구워낸 타르트 위에 베르쥐에 담가두었던 미라벨을 놓고 미라벨 마멀레이드를 채워 넣는다. 타르트 맨 위에 반으로 자른 생 미라벨 자두를 보기 좋게 얹어 완성한다.

TARTE AUX MIRABELLES

준비 : 2 시간

8 ~ 10 인분

조리 : 50 분

휴지 : 24 시간

준비 : 2 시간

8 ~ 10 인분

조리 : 1 시간

휴지 : 24 시간

노르망디식 천도복숭아 타르트

타르트 시트
파트 쉬크레 590g (p.312 참조)
달걀노른자 100g
생크림 (crème liquide) 25g

버베나 아몬드 크림
아몬드 크림 300g (p.314 참조)
천도복숭아 (nectarine) 2개
버베나 잎 6장

천도복숭아 콩포트
천도복숭아 1kg
버터 50g
비정제 황설탕 50g
물 30g
커스터드 분말 8g

크럼블
버터 220g
설탕 150g
밀가루 (T45) 275g
아몬드 슬라이스 300g
슈거파우더

완성 재료
천도복숭아 15개
버베나 파우더 (p.317 참조)
생 버베나 잎

타르트 시트
FOND DE TARTE

하루 전날. 파트 쉬크레를 만들어 타르트 틀에 앉힌 다음 (p.312 참조), 냉장고에 하루 동안 넣어 표면이 꾸둑해지도록 굳힌다.
당일. 160°C로 예열한 오븐에 타르트 시트를 넣어 25분간 굽는다. 달걀노른자와 생크림을 섞어 달걀물을 만든 다음 초벌구이한 타르트 시트에 붓으로 발라준다. 다시 오븐에 넣어 10분간 더 굽는다.

버베나 아몬드 크림
CRÈME AMANDE-VERVEINE

아몬드 크림을 만든다 (p.314 참조). 천도복숭아는 적당한 크기로 등분하고 버베나 잎은 잘게 다진다. 구워 놓은 타르트 시트 안에 아몬드 크림을 채워 넣고, 천도복숭아를 크림에 골고루 박아 넣는다. 버베나를 뿌린 다음 160°C 오븐에 넣어 10분간 굽는다.

천도복숭아 콩포트
COMPOTÉE DE NECTARINE

천도복숭아의 껍질을 벗기고 사방 1cm 크기의 큐브 모양으로 썬다. 소스팬에 버터를 넣고 가열해 갈색이 나기 시작하면 천도복숭아를 넣고 흔들어가며 버터를 골고루 입힌다. 뚜껑을 닫고 약한 불에서 중간중간 저어주며 천도복숭아가 말랑하게 될 때까지 5분간 익힌다. 황설탕을 넣고 30초간 녹도록 둔다. 커스터드 분말을 물에 풀어 천도복숭아 콩포트에 넣고 2분간 끓인다. 용기에 덜어내 바로 냉장고에 넣어 식힌다. 구워낸 타르트 위에 콩포트를 매끈하게 채워 넣는다.

크럼블
CRUMBLE

버터와 설탕, 밀가루를 손으로 비벼가며 반죽해 모래와 같이 부슬부슬한 질감이 되도록 혼합한다. 아몬드 슬라이스를 넣고 살살 섞어준다. 타르트 위에 이 크럼블을 흩뿌려 얹고 슈거파우더를 솔솔 뿌린 다음 160°C 오븐에서 15분간 굽는다.

완성하기
MONTAGE ET FINITIONS

천도복숭아를 갸름하게 등분한 다음, 분량의 반은 팬에 재빨리 볶는다. 나머지 반은 생과일로 사용한다. 팬에 구운 천도복숭아와 신선한 천도복숭아를 고루 섞어 타르트 위에 올린다. 버베나 파우더를 뿌리고 생 버베나 잎를 얹어 완성한다. 따뜻하게 서빙한다.

TARTE NORMANDE NECTARINE

복숭아 버베나 타르틀레트

타르틀레트 시트
파트 쉬크레 590g (p.312 참조)

복숭아 휩드 가나슈
가루 젤라틴 7g
물 70g
생 복숭아 과육 퓌레 100g (약 4개 정도)
아스코르빅산 1g
생크림 (crème liquide) 400g
화이트 커버처 초콜릿 (ivoire) 110g
복숭아 리큐어 (crème de pêche de vigne) 50g

복숭아 즐레 인서트
백도 250g
아스코르빅산 2g
라임 즙 10g
설탕 10g
펙틴 (pectine NH) 3g
잘게 썬 버베나 잎 5g
약간 단단한 복숭아 과육 250g
(약 7개 정도. 큐브 모양으로 썬다)
복숭아 리큐어 (crème de pêche de vigne) 10g

달걀물
달걀노른자 100g
생크림 (crème liquide) 25g

버베나 아몬드 크림
아몬드 크림 150g (p.314 참조)
잘게 썬 버베나 잎 6g

복숭아 마멀레이드
백도 (너무 무르지 않은 것) 600g
아스코르빅산 2g
복숭아 리큐어 (crème de pêche de vigne) 20g

완성 재료
화이트 초콜릿 코팅
코팅 혼합물 300g (p.317 코팅하기 참조)

붉은색 코팅
코팅 혼합물 200g (p.317 코팅하기 참조)
식용색소 (빨강) 10g

흰색 코팅
코팅 혼합물 200g (p.317 코팅하기 참조)
이산화티탄 0.5g

구운 아몬드 잘게 부순 것 100g
초콜릿 30g
은색 펄 파우더

TARTELETTES PÊCHE-VERVEINE

준비 : 3 시간 30 분

조리 : 40 분

휴지 : 24 시간 + 4 시간

10 인분

복숭아 버베나 타르틀레트

타르틀레트 시트
FONDS DE TARTELETTES

하루 전날. 파트 쉬크레를 만들어 타르틀레트 틀에 앉힌 다음 (p.312 참조), 냉장고에 하루 동안 넣어 표면이 꾸둑해지도록 굳힌다.

복숭아 휩드 가나슈
GANACHE MONTÉE PÊCHE

하루 전날. 젤라틴을 분량의 따뜻한 물에 섞어서 20분 정도 불린다. 복숭아의 껍질을 벗기고 씨를 빼낸다. 복숭아 살에 아스코르빅산을 넣고 블렌더로 갈아 체에 거른다. 생크림 100g을 뜨겁게 데우고 끓기 전에 불에서 내린 다음 젤라틴을 넣어 섞는다. 화이트 커버처 초콜릿을 녹인 뒤 여기에 뜨거운 생크림을 부어주며 잘 섞는다. 핸드블렌더로 갈아 유화한다. 나머지 차가운 생크림을 붓고, 갈아 체에 걸러둔 복숭아 퓌레, 복숭아 리큐어를 넣은 다음 다시 핸드블렌더로 갈아 혼합한다. 용기에 담아 냉장고에 12시간 넣어둔다.

복숭아 즐레 인서트
INSERT GELÉE DE PÊCHE

당일. 백도 복숭아의 껍질을 벗기고, 과육에 아스코르빅산 1g을 넣은 뒤 블렌더로 갈아 체에 거른다. 소스팬에 넣고 라임 즙을 첨가한 뒤 가열한다. 여기에 설탕과 펙틴을 섞어 넣고 2분간 끓인 뒤 용기에 덜어 즉시 냉장고에 넣어 식힌다. 식으면 꺼내 핸드블렌더로 갈아준 다음 잘게 썬 버베나 잎, 큐브 모양으로 썬 복숭아, 아스코르빅산 1g과 혼합한 복숭아 리큐어를 넣고 잘 섞는다. 혼합물을 지름 3.5cm 반구형 실리콘 틀에 채운 다음 냉동실에 1시간 넣어두어 완전히 얼린다.

달걀물 입히기
DORURE

오븐을 160℃로 예열한다. 타르틀레트 시트를 오븐에 넣어 20분간 굽는다.
달걀노른자와 생크림을 섞어 달걀물을 만든 다음 초벌구이한 타르틀레트에 붓으로 발라준다. 다시 오븐에 넣어 5분간 굽는다.

버베나 아몬드 크림
CRÈME AMANDE-VERVEINE

아몬드 크림을 만든 다음 (p.314 참조) 잘게 썬 버베나 잎과 섞어 타르틀레트 시트에 넣은 뒤 오븐에 넣어 5분간 굽는다. 식힌다.

TARTELETTES PÊCHE-VERVEINE

복숭아 마멀레이드
MARMELADE DE PÊCHE

껍질을 벗긴 복숭아를 사방 0.5cm 크기의 작은 큐브 모양으로 썬 다음, 그중 200g을 기름을 두르지 않은 팬에 넣고 그대로 볶는다. 스푼으로 조심스럽게 저어주며 살이 콩포트처럼 말랑해지고 수분이 거의 없어질 때까지 약 5분간 익힌다. 이 콩포트를 나머지 생 복숭아 400g, 아스코르빅산, 복숭아 리큐어와 잘 섞어준 다음 타르틀레트 시트의 버베나 아몬드 크림 위에 가득 채워 넣는다.

코팅하기, 완성하기
MONTAGE, ENROBAGE ET FINITIONS

복숭아 가나슈를 거품기로 돌려 휘핑한 다음, 지름 4.5cm 크기의 반구형 실리콘 틀에 채워 넣는다. 가운데에 냉동된 복숭아 즐레 인서트를 하나씩 넣고 냉동실에 다시 3시간 동안 넣어 얼린다. 반구형 모양이 얼면 틀에서 분리한 다음 복숭아 모양으로 성형한다. 세 가지 색의 코팅 혼합물을 준비한다 (p.317 참조). 화이트 초콜릿 코팅 혼합물이 27°C가 되면 성형한 반구형 복숭아 모양을 혼합물에 담가 코팅한 뒤, 냉장고에 넣어두어 서서히 해동시킨다. 붉은색 코팅 혼합물을 만들어 (p.317 참조) 스프레이건으로 분사해 반구형의 복숭아 표면 전체를 벨벳과 같은 느낌으로 코팅해준다. 이어서 아주 소량의 흰색 코팅을 멀리서 분사해 마치 얇은 베일을 씌운 듯한 느낌으로 표면을 마무리한다. 마지막으로 은색 파우더를 불어 아주 얇게 입혀준 뒤 반구형의 복숭아 모양을 타르틀레트 시트 위에 얹어준다. 구운 아몬드를 굵게 다져 이음새 부분에 빙 둘러 붙여준다.

마지막으로 초콜릿을 분쇄해 불규칙한 모양의 조각으로 만든 후 코코아 가루에 굴려 복숭아 꼭지 모양을 만든다. 반구형 복숭아 위에 꼭지를 하나씩 얹어 완성한다.

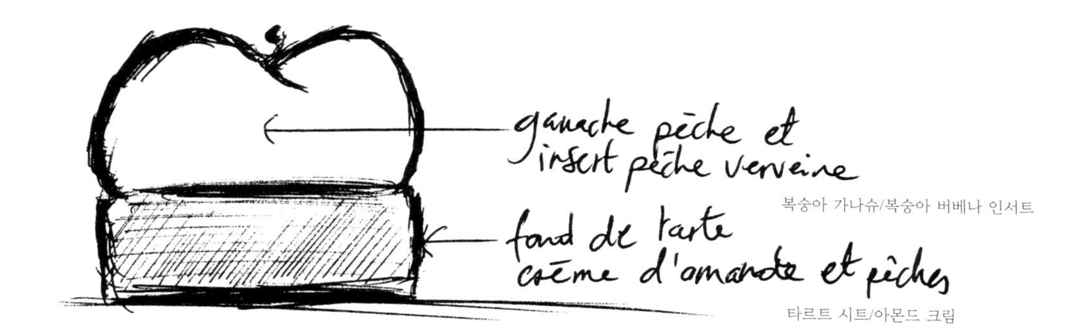

준비 : 1 시간

6 인분

조리 : 3 시간

휴지 : 3 시간

아몬드 밀크 복숭아

머랭
달걀흰자 125g
설탕 125g
슈거파우더 125g

마스카르포네 아몬드 크림
생크림 (crème fleurette) 125g
아몬드 25g
마스카르포네 125g
설탕 25g
아몬드 밀크 15g

아몬드 프랄리네
아몬드 250g
물 47.5g
설탕 132g
소금 (플뢰르 드 셀)* 10g
포도씨유 20g

복숭아 올리브오일 비네그레트
생 복숭아 주스 250g
가루 젤라틴 3g
물 21g
꿀 (miel Béton) 24g
레몬 즙 36g
올리브오일 (Casanova®) 120g

완성 재료
생 아몬드 30알
우유 300g
신선한 생 황도 12개

* 플뢰르 드 셀 (fleur de sel) : '소금의 꽃'이라는 뜻으로 해안가 염전에서 건조 중인 간수의 표면 위에 뜨는 소금 결정을 일일이 수작업으로 걷어 내어 채집한 것. 고급 소금의 대명사로 통한다.

머랭
BOULES DE MERINGUE

오븐을 90℃로 예열한다. 전동 스탠드 믹서 볼에 달걀흰자를 넣고 와이어 휩을 돌려 거품을 올린다. 설탕을 조금씩 넣어가며 약 2분간 거품을 올려 단단한 머랭이 만들어지면 작동을 멈춘 뒤 슈거파우더를 넣고 실리콘 주걱으로 접어 돌리듯이 살살 섞는다. 지름 2cm 원형 깍지를 끼운 짤주머니에 머랭을 채워 넣는다. 유산지를 깐 베이킹 팬 위에 머랭을 6개의 큰 공 모양으로 짜 놓는다. 슈거파우더를 솔솔 뿌린 뒤 오븐에 넣어 1시간 굽는다. 오븐에서 꺼낸 뒤 작은 티스푼을 이용해 각 머랭의 아랫면에 구멍을 내준다. 오븐에 다시 넣어 같은 온도에서 2시간 동안 건조시킨다.

마스카르포네 아몬드 크림
CRÈME MASCARPONE-AMANDE

생크림 분량의 1/3을 데운 뒤 여기에 껍질을 벗기지 않은 아몬드를 넣는다. 핸드블렌더로 갈아 체에 내린다. 냉장고에 20분간 넣어 식힌다. 여기에 나머지 휘핑크림과 마스카르포네, 설탕, 아몬드 밀크를 넣고 거품기로 골고루 섞는다. 냉장고에 2시간 넣어둔다.

아몬드 프랄리네
PRALINÉ AMANDE

오븐을 170℃로 예열한다. 유산지를 깐 베이킹 팬에 아몬드를 한 켜로 펼쳐 놓고 오븐에 넣어 10분간 로스팅한다. 소스팬에 물과 설탕을 넣고 끓여 시럽이 110℃가 되었을 때 구운 아몬드를 넣는다. 잘 섞어준다. 처음에는 설탕이 굳어 모래 질감처럼 아몬드에 달라붙게 된다. 계속 주걱으로 저으며 가열해 밝은 갈색이 날 때까지 캐러멜라이즈한다. 실리콘 패드 위에 쏟은 뒤 소금을 뿌린다. 그대로 식힌 다음 푸드 프로세서로 너무 곱지 않게 분쇄한다. 포도씨유를 조금 넣으며 농도를 조절한다.

복숭아 올리브오일 비네그레트
VINAIGRETTE PÊCHE-HUILE D'OLIVE

젤라틴을 분량의 따뜻한 물에 섞어서 20분 정도 불린다. 소스팬에 복숭아 주스를 넣고 데운 다음 불에서 내리고 젤라틴, 꿀, 레몬 즙을 넣어준다. 올리브오일을 가늘게 조금씩 넣으며 핸드블렌더로 갈아 유화된 비네그레트를 완성한다.

완성하기
FINITIONS

생 아몬드의 껍데기를 까서 벗긴 다음 반으로 쪼갠다. 우유에 1시간 동안 담가둔다. 상온에 둔 복숭아를 모양대로 길쭉하게 썬다. 차가운 마스카르포네 아몬드 크림을 거품기로 휘핑한 다음 짤주머니에 넣는다. 머랭에 만들어 놓은 구멍으로 이 크림을 채워 넣고, 이어서 프랄리네 페이스트도 채운다.

접시 가운데 복숭아 비네그레트를 조금 부어준 다음 빙 둘러 부채 모양으로 황도 복숭아 자른 것을 보기 좋게 배치한다. 속을 채운 머랭을 가운데 놓고 우유에 담갔던 아몬드를 곁들여 놓는다.

PÊCHE AU LAIT D'AMANDE

속과 씨가 있는

이과류

속과 씨가 있는 이과류

유럽 모과
COING

계절
10월

고르는 요령
향이 진하고 단단하며 껍질은 윤기나는
노란색을 띠는 것이 좋다.

평균 중량
250g

보관
통풍이 잘 되는 서늘한 곳에서
몇 주간 보관 가능하다.

어울리는 재료
카다멈, 사과, 초콜릿

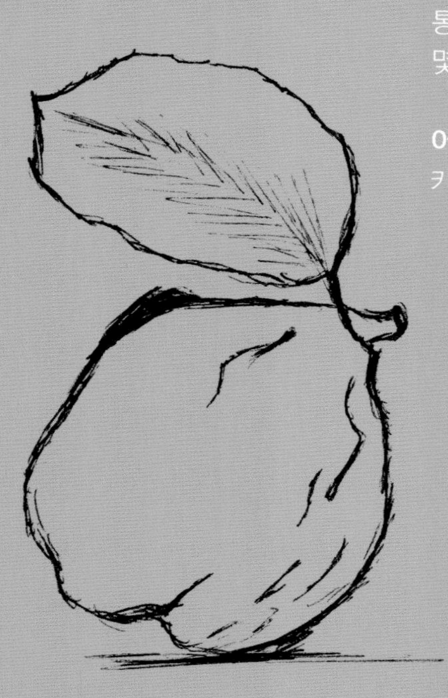

멜론
MELON

계절
6월~9월

고르는 요령
무겁고 향이 좋으며(향이 지나치게 강한 것은 피한다) 껍질은 탄력이 느껴지는 것이 좋다. 꼭지 부분이 살짝 갈라진 것이 달다.

평균 중량
600g

보관
냉장고 야채 칸에서 최대 6일 정도

어울리는 재료
후추, 뮈스카* 민트

* muscat : 머스캣 청포도 또는 그 포도로 만든 화이트 와인으로 달콤한 꽃향기가 난다.

토마토
TOMATE

계절
5월~9월

고르는 요령
과육 조직의 밀도가 비교적 높고 탱탱한 탄력이 느껴지며, 반들거리고 상처나 얼룩이 없어야 한다. 특히 꼭지 부분의 향이 좋은 것을 고른다.

평균 중량
품종에 따라 75~200g

보관
상온에서 4일. 최대한 신선한 상태를 유지하기 위해서는 꼭지가 붙어 있는 상태로 보관한다.

어울리는 재료
바질, 캐러멜, 헤이즐넛

서양배
POIRE

계절
8월~4월

고르는 요령
껍질이 매끈하고 팽팽하며 부딪힌 상처가 없는 것으로 고른다. 꼭지가 붙어 있는 것이 좋다.

평균 중량
120g

보관
열매가 단단한 경우 상온에서 몇 주간 보관 가능하다. 잘 익은 배의 경우는 최대 3일 정도.

어울리는 재료
초콜릿, 검은 송로버섯(블랙 트러플), 메이플 시럽

사과
POMME

계절
9월~5월

고르는 요령
향이 좋고 단단하며 상처나 얼룩이 없고
매끈한 것으로 고른다.

평균 중량
150g

보관
상온에서 8일, 냉장고에서 6주간 보관 가능하다.

어울리는 재료
바질, 딜, 레몬, 꿀

유럽 모과 타탱

유럽 모과 (coing, quince) 10개
올리브오일

퓌유타주

뵈르 마니에 (beurre manié)
퓌유타주 밀어접기용 버터 (beurre de tourage) 420g
밀가루 (farine de gruau) 180g

데트랑프 (détrempe)
물 160g
소금 15g
흰 식초 3g
상온의 부드러운 버터 125g
밀가루 (farine de gruau) 380g

카다멈 시럽

물 500g
설탕 500g
오렌지 제스트 1개분
레몬 제스트 1개분
카다멈 5알

셰프의 팁

노르망디산 크렘 프레슈와 바닐라 아이스크림 한 스쿱을 곁들여 서빙한다.

퓌유타주
FEUILLETAGE

레시피에 제시된 분량의 재료로 3절 밀어접기 기준 6회를 해 퓌유타주 반죽을 완성한다 (p.313 참조). 파티스리용 밀대를 사용해 퓌유타주 반죽을 2mm 두께로 얇게 민 다음, 준비한 파운드케이크 틀의 크기에 맞춰 직사각형으로 자른다.

카다멈 시럽
SIROP CARDAMOME

냄비에 물, 설탕, 오렌지 제스트와 레몬 제스트, 카다멈 알갱이를 넣고 끓인다.

완성하기
MONTAGE ET FINITIONS

오븐을 180°C로 예열한다. 모과의 껍질을 벗긴 다음 만돌린 슬라이서를 사용해 얇은 띠 모양으로 썬다. 파운드케이크 틀의 안쪽벽과 바닥에 유산지를 깔아준 다음 카다멈 시럽을 조금 붓는다. 얇게 저민 모과를 한 켜 깔고 붓으로 시럽을 발라준다. 모과를 전부 사용할 때까지 이 작업을 계속 반복해 틀을 채운다. 두 장의 베이킹 팬 사이에 넣고 오븐에서 1시간 30분 동안 익힌다. 오븐에서 꺼낸 뒤 직사각형으로 잘라둔 퓌유타주를 모과 위에 덮고, 노릇한 색이 날 때까지 다시 오븐에서 30분간 굽는다. 꺼내서 30분간 휴지시킨 다음 뒤집어서 틀에서 분리하고 올리브오일을 조금 뿌려 글레이즈한다.

COING PRESSÉ FAÇON TATIN

준비 : 3 시간

4 인분

조리 : 2 시간

휴지 : 6 시간 30 분

멜론, 후추

멜론 그라니타

물 300g
설탕 50g
글루코즈 시럽 (물엿) 50g
인도산 롱 페퍼 5g
생 멜론 주스 1kg

멜론 과육 구슬

멜론 (melon de Cavaillon) 2개
올리브오일 20g
인도산 롱 페퍼 4g

멜론 그라니타
GRANITÉ MELON

물, 설탕, 물엿, 후추를 데운 다음 불에서 내리고 멜론 주스를 넣어 섞는다. 냉동실에 2시간 넣어둔다.

멜론 과육 구슬
BILLES DE MELON

멜론을 반으로 자르고 속과 씨를 제거한다. 멜론 볼러를 사용해 멜론 과육을 작고 동그란 모양으로 도려낸다. 이것을 올리브오일에 살짝 굴리고, 후추를 묻힌다. 멜론 그라니타와 함께 서빙한다.

MELON POIVRE

준비 : 20 분

4 인분

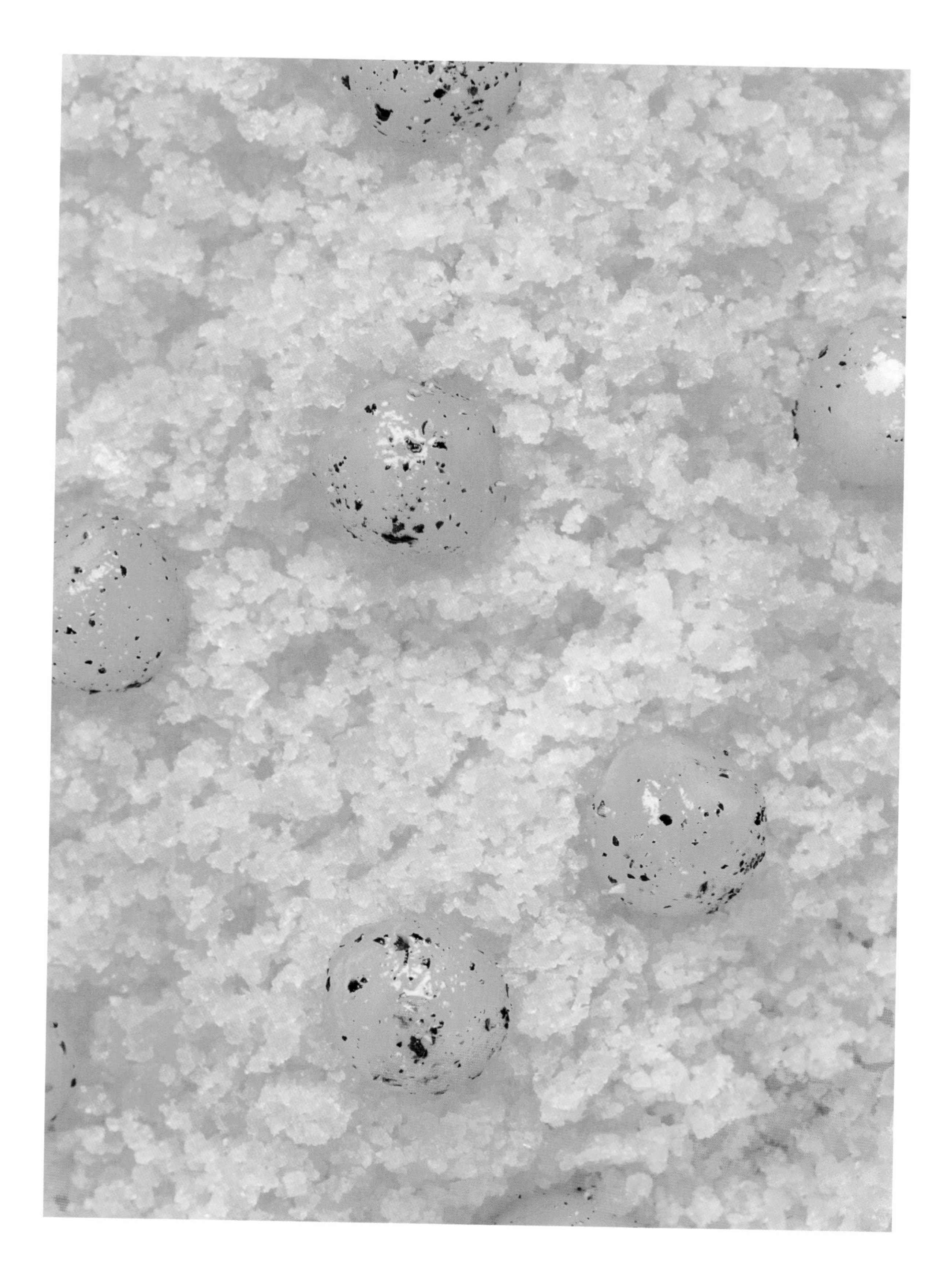

조리 : 5 분

휴지 : 2 시간

준비 : 2 시간

8 인분

조리 : 5 분

휴지 : 24 시간 + 2 시간 45 분

초콜릿 블랙 트러플 피자

블랙 트러플 크림
블랙 트러플 (검은 송로버섯) 20g
올리브오일 20g
생크림 (crème fraîche) 400g

브리오슈 반죽
밀가루 525g
소금 15g
설탕 40g
달걀 315g
이스트 20g
버터 350g

완성 재료 (피자 1개 분량)
달걀노른자 1개
비멸균 생크림 (crème crue fermière Borniambuc®) 8g
트러플 자투리 살 4g
초콜릿 파우더 (카카오 70% chocolat Alain Ducasse) 15g
초콜릿 (chocolat Alain Ducasse Pérou) 11g
생 트러플 (송로버섯) 4g
생 서양배 1개
소금 (플뢰르 드 셀) 1g
올리브오일 2g

블랙 트러플 크림
CRÈME DE TRUFFE NOIRE

하루 전날. 트러플 (송로버섯)과 올리브오일을 절구에 넣고 으깬다. 생크림 분량의 반을 넣고 잘 섞는다. 냉장고에 24시간 넣어둔다.
당일. 나머지 분량의 생크림을 넣어 섞는다.

브리오슈 반죽
PÂTE À BRIOCHE

전동 스탠드 믹서 볼에 밀가루, 소금, 설탕, 달걀 분량의 3/4을 넣고 도우훅을 돌려 반죽한다. 이스트와 나머지 달걀을 조금씩 넣어주며 약 5분간 반죽하고, 이어서 버터를 넣고 10분간 더 돌린다. 반죽을 덜어낸 다음 따뜻한 곳에서 30분간 1차 발효시킨다. 이어서 냉장고에 2시간 넣어둔다.

조립하기
MONTAGE

브리오슈 반죽을 90g씩 8개의 작은 덩어리로 소분해 둥근 공 모양으로 만든 다음 작업대에 놓고 5분간 발효시킨다. 각각의 반죽을 균일한 크기로 둥글게 밀어 8개의 지름 12cm짜리 파이틀에 깔아준다. 붓으로 가장자리에 분량 외 물을 바르고, 달걀노른자를 풀어 반죽 전체에 발라준다. 따뜻한 곳에 10분 정도 두어 부풀게 한 다음, 포크로 반죽을 군데군데 눌러 찍는다.

완성하기
FINITIONS

각 피자 도우 위에 트러플 크림 15g, 비멸균 생크림 5g을 바르고 트러플 자투리살 부스러기 2g을 뿌린 다음, 280°C의 피자용 화덕이나 데크 오븐에 넣고 4분간 굽는다.
구운 피자 위에 초콜릿 파우더를 뿌리고 녹인 초콜릿을 5군데 찍어 놓는다. 나머지 트러플 자투리, 트러플 크림 5g, 생크림 3g을 얹고 다시 오븐에서 1분간 굽는다. 생 트러플과 껍질을 벗기지 않은 서양배를 얇게 저며 얹는다. 플뢰르 드 셀, 올리브오일, 나머지 녹인 초콜릿을 얹어 서빙한다.

PIZZA CHOCOLAT TRUFFE NOIRE

서양배 타르틀레트

타르틀레트 시트
파트 쉬크레 590g (p.312 참조)

서양배 휩드 가나슈
가루 젤라틴 5g
물 25g
서양배 퓌레 (Boiron®) 660g
주니퍼베리 2g
화이트 커버처 초콜릿 (ivoire) 120g
카카오 버터 125g
잔탄검 4g
생크림 (crème liquide) 200g
마스카르포네 200g

서양배 즐레
배즙 300g
설탕 14g
한천 5g
레몬 즙 10g

서양배 인서트
윌리엄 서양배 (poires Williams) 200g
올리브오일
슈거파우더
콩페랑스 서양배 (poires Conférence) 200g
서양배 즐레 300g
레몬 즙 205g
주니퍼베리 곱게 간 것 1g

달걀물
달걀노른자 100g
생크림 (crème liquide) 25g

버베나 아몬드 크림
아몬드 크림 150g (p.314 참조)
잘게 썬 버베나 잎 6g

서양배 콩포트
서양배 500g
레몬 즙 60g

완성 재료
노란색 코팅
코팅 혼합물 300g (p.317 코팅하기 참조)
식용색소 (노랑)

화이트 초콜릿 코팅
화이트 초콜릿 300g
카카오 버터 100g

구운 아몬드 부순 것 100g (p.317 참조)
밀크 초콜릿으로 만든 줄기 꼭지 10개 (p.317 참조)

TARTELETTES POIRE

준비 : 3 시간 30 분

조리 : 40 분

휴지 : 24 시간 + 4 시간

10 인용

서양배 타르틀레트

타르틀레트 시트
FONDS DE TARTELETTES

하루 전날. 파트 쉬크레를 만들어 타르틀레트 틀에 앉힌 다음 (p.312 참조), 냉장고에 하루 동안 넣어 표면이 꾸둑해지도록 굳힌다.

서양배 휩드 가나슈
GANACHE MONTÉE POIRE

하루 전날. 젤라틴을 분량의 따뜻한 물에 섞어서 20분 정도 불린다. 서양배 퓌레에 주니퍼베리를 넣고 데운 뒤 녹인 커버처 초콜릿과 젤라틴 위로 붓고 잘 섞는다. 녹인 카카오 버터와 잔탄검을 넣고 핸드블렌더로 2분간 갈아준다. 차가운 생크림과 마스카르포네를 넣고 섞은 뒤 냉장고에 12시간 넣어둔다.

서양배 즐레
GELÉE DE POIRE

소스팬에 배즙을 넣고 가열한 다음, 한천과 섞은 설탕을 넣고 2분간 끓인다. 레몬 즙을 넣고 불에서 내린다. 용기에 덜어 냉장고에 넣어둔다. 공기가 주입되지 않도록 주의하면서 핸드블렌더로 3분간 갈아준다.

서양배 인서트
INSERT POIRE

윌리엄 서양배의 껍질을 벗기고 불규칙한 큐브 모양으로 썬다. 베이킹 팬 위에 넓게 펴 놓고 올리브오일과 슈거파우더를 뿌린 다음, 250°C로 예열한 데크 오븐에 정확히 5분간, 또는 180°C의 일반 전기오븐에서 10분간 굽는다. 꺼낸 뒤 용기에 덜어내 식힌다. 콩페랑스 서양배의 껍질을 벗기고 큐브 모양으로 썬다. 오븐에 구운 배와 생과일 배를 배 즐레와 섞고, 레몬 즙과 주니퍼베리를 넣어준다. 혼합물을 지름 3.5cm 반구형 실리콘 틀에 채워 넣는다. 냉동실에 1시간 넣어두어 완전히 얼린다.

달걀물 입히기
DORURE

오븐을 160°C로 예열한다. 타르틀레트 시트를 오븐에 넣어 20분간 굽는다. 달걀노른자와 생크림을 섞어 달걀물을 만든 다음 초벌구이한 타르틀레트 시트에 붓으로 발라준다. 다시 오븐에 넣어 5분간 굽는다.

버베나 아몬드 크림
CRÈME AMANDE-VERVEINE

아몬드 크림을 만든 다음 (p.314 참조) 잘게 썬 버베나 잎과 섞어준다. 짤주머니를 사용해 타르틀레트 시트에 버베나 아몬드 크림을 한 켜 채워 넣은 뒤 160°C 오븐에 넣어 5분간 더 굽는다. 꺼내서 식힌다.

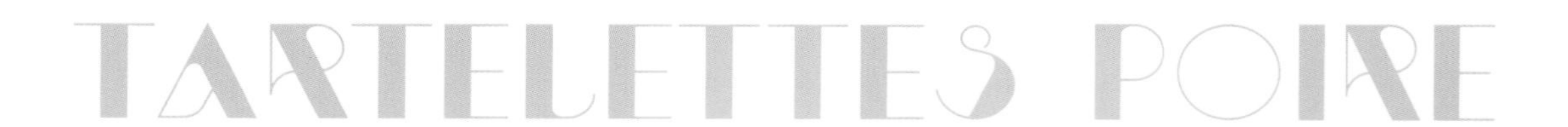

서양배 콩포트
COMPOTÉE DE POIRE

껍질을 벗긴 서양배를 사방 0.3cm 크기의 작은 큐브 모양으로 썬다. 레몬 즙을 넣고 수비드용 비닐팩에 넣은 뒤 100°C의 스팀 오븐이나 끓는 물에 넣어 13분간 익힌다. 배 콩포트를 타르틀레트 시트의 아몬드 크림 층 위에 가득 채워 넣는다.

셰프의 팁

이 인서트는 배의 품질과 상태에 아주 민감하다. 같은 배라도 익은 상태가 제각각 다를 수 있으니 주의한다.

완성하기
MONTAGE ET FINITIONS

차가운 가나슈를 믹싱볼에 넣고 거품기로 돌려 휘핑한 다음, 지름 4.5cm 크기의 반구형 실리콘 틀에 채워 넣는다. 가운데에 냉동된 서양배 인서트를 하나씩 넣고 냉동실에 다시 3시간을 넣어 얼린다. 코팅 혼합물을 준비한다 (p.317 참조). 반구형 모양이 얼면 틀에서 분리한 다음, 윗부분에 작은 공 모양으로 가나슈를 더 짜 얹고 매끈하게 연결해서 서양배 모양으로 성형한다. 노란색 코팅 혼합물의 온도가 35°C가 되면, 성형한 서양배 모양을 나무 꼬치로 찍어 혼합물에 담가 코팅한다. 냉장고에 1시간 넣어두어 서서히 해동시킨다. 노란색 코팅 혼합물을 스프레이건으로 분사해 표면 전체를 벨벳과 같은 느낌으로 코팅한 다음, 이어서 아주 소량의 화이트 초콜릿 코팅을 분사해 마치 얇은 베일을 씌운 듯한 느낌으로 표면을 마무리한다. 가는 붓으로 초콜릿 코팅을 살짝 묻혀 자연스러운 색감을 표현한다. 서양배 모양을 타르틀레트 시트 위에 놓고, 굵게 다진 구운 아몬드를 이음새 부분에 빙 둘러 붙여준다.
초콜릿으로 만든 줄기 꼭지를 각 타르틀레트 맨 위에 하나씩 붙인다.

준비 : 2 시간

8 ~ 10 인분

조리 : 50 분

휴지 : 24 시간

부르달루 서양배 타르트

이 부르달루 타르트 레시피는 나의 수셰프 중 한 명인 앙디 장송 (Andy Jeanson)이
직원들의 메뉴 개발 콘테스트에 도전해 만들어낸 것이다. 나는 이 레시피가
정말 마음에 들었고, 그에게 조금이나마 경의를 표하고 싶었다.
- 세드릭 그롤레

타르트 시트

파트 쉬크레 590g (p.312 참조)
달걀노른자 100g
생크림 (crème liquide) 25g

아몬드 크림

아몬드 크림 300g (p.314 참조)
럼 18g

크럼블

버터 220g
설탕 150g
밀가루 (T45) 300g
아몬드 슬라이스 300g

완성 재료

코미스 서양배 (poires Comice)
스위트 데코 파우더 (sucre Codineige®)
살구 나파주 (nappage blond, nappage abricot) 40g

타르트 시트
FOND DE TARTE

하루 전날. 파트 쉬크레를 만들어 타르트 틀에 앉힌 다음 (p.312 참조), 냉장고에 하루 동안 넣어 표면이 꾸둑해지도록 굳힌다. 당일. 타르트 시트를 160℃로 예열한 오븐에 넣어 25분간 굽는다. 달걀노른자와 생크림을 섞어 달걀물을 만든 다음 초벌구이한 시트에 붓으로 발라준다. 다시 오븐에 넣어 10분간 굽는다.

아몬드 크림
CRÈME D'AMANDE

럼을 넣은 아몬드 크림을 만든다 (p.314 참조). 짤주머니를 사용해 미리 구워둔 타르트 시트에 아몬드 크림을 채운다.

크럼블
CRUMBLE

전동 스탠드 믹서 볼에 버터, 설탕, 밀가루를 넣고 모래와 같이 부슬부슬한 질감이 나도록 플랫비터를 돌려 혼합한다. 아몬드 슬라이스를 넣고 섞는다.

완성하기
MONTAGE ET FINITIONS

오븐의 온도를 170℃로 올린다. 서양배의 껍질을 벗기고 꼭지 윗부분을 잘라 데코레이션용으로 따로 보관한다. 배의 모양대로 세로로 잘라 속을 제거한 뒤 타르트의 아몬드 크림 속에 빙 둘러 살짝 박아 넣는다. 배의 과육 사이사이 아몬드 크림에 크럼블을 놓은 다음 오븐에 넣어 약 25분간 굽는다. 꺼내서 식힌 뒤 스위트 데코 파우더를 살짝 뿌린다. 배 위에 살구 나파주를 붓으로 발라 윤기나게 마무리한다.

TARTE BOURDALOUE

푸아르 브륄레

프로마주 블랑 소르베
우유 300g
설탕 50g
아이스크림용 안정제 1g
프로마주 블랑 375g
포도당 분말 50g
레몬 즙 10g

후추 크렘 파티시에
크렘 파티시에 300g (p.314 참조)
후추 10g

아몬드 크럼블
버터 110g
설탕 75g
밀가루 (T45) 150g
생 아몬드 150g

후추 가보트 크리스피
가보트 크리스피 반죽 450g (p.313 참조)
후추 5g
잣 50g
호두 50g

토치로 그슬린 서양배
코미스 서양배 (poires Comice) 5개

꿀 올리브오일 소스
프로폴리스 꿀 400g
레몬 즙 2개분
올리브오일 140g
물 40g

완성 재료
비멸균 생크림 100g
후추

프로마주 블랑 소르베
SORBET FROMAGE BLANC

하루 전날. 우유를 50°C로 데운 다음, 안정제와 섞어둔 설탕을 넣는다. 다시 80°C까지 가열한 뒤, 프로마주 블랑, 포도당 분말, 체에 거른 레몬 즙 혼합물 위에 붓는다. 핸드블렌더로 갈아 혼합한 다음 하룻밤 숙성시킨다. 아이스크림 제조기에 돌려 소르베를 만든다.

후추 크렘 파티시에
CRÈME PÂTISSIÈRE AU POIVRE

당일. 크렘 파티시에를 만든 다음 (p.314 참조), 마지막에 후추를 넣어 섞는다. 크림을 체에 걸러 냉장고에 30분간 넣어둔다.

아몬드 크럼블
CRUMBLE AMANDE

오븐을 180°C로 예열한다. 전동 스탠드 믹서 볼에 버터, 설탕, 밀가루, 아몬드를 넣고 플랫비터를 돌려 부슬부슬한 질감이 나도록 혼합한다. 굵은 체에 내려 크럼블을 만든 후 베이킹 팬에 넓게 펴 놓고 오븐에 넣어 15분간 굽는다.

후추 가보트 크리스피
GAVOTTES AU POIVRE

가보트 크리스피 반죽을 만든다 (p.313 참조). 60 x 40cm 논스틱 베이킹 팬에 반죽을 얇게 펴 놓고 후추, 잣, 굵게 다진 호두를 고루 흩뿌린다. 오븐에 넣어 12분 굽고 베이킹 팬 위치를 한 번 돌려놓은 다음 다시 12분간 굽는다.

토치로 그슬린 서양배
POIRES BRÛLÉES

서양배를 4등분한 다음 모양을 다듬어 상온에 1시간 동안 둔다. 토치를 사용해 표면이 거뭇거뭇해질 때까지 그슬린다.

꿀 올리브오일 소스
JUS MIEL-HUILE D'OLIVE

재료를 모두 혼합해 데운 후 거품기로 잘 섞어 유화한다.

완성하기
FINITIONS

비멸균 생크림을 거품기로 돌려 휘핑한다. 접시에 후추 크렘 파티시에와 휘핑한 생크림으로 군데군데 점을 찍어준다. 후추를 살짝 뿌리고 아몬드 크럼블을 골고루 놓는다. 소르베에 후추를 조금 뿌린 뒤 돌돌 말아 떠서 크럼블 위에 얹는다. 한쪽 옆에 큼직하게 깨트린 가보트 크리스피를 4개 꽂아준 다음 그 사이사이에 토치로 그슬린 배를 놓는다. 뜨거운 꿀 올리브오일 소스를 용기에 따로 담아 서빙한다.

준비 : 45 분

조리 : 40 분

휴지 : 12 시간 + 1 시간 30 분

10 인분

애플 딜 타르틀레트

타르틀레트 시트

파트 쉬크레 590g (p.312 참조)

사과 가나슈

가루 젤라틴 12g
물 58g
생크림 (crème liquide) 280g
화이트 커버처 초콜릿 (ivoire) 80g
그래니 스미스 청사과즙 60g
그린 애플 리큐어 (manzana) 10g

애플 딜 인서트

사과 즐레 280g (p.315 참조)
그린 애플 리큐어 (manzana) 20g
딜 4g
아스코르빅산 2g
그래니 스미스 청사과 (Granny Smith) 280g

달걀물

달걀노른자 100g
생크림 (crème liquide) 25g

딜 아몬드 크림

아몬드 크림 150g (p.314 참조)
딜 6g

그래니 스미스 청사과 콩포트

그래니 스미스 청사과 750g
레몬 즙 70g
아스코르빅산 5g

청사과 글라사주

가루 젤라틴 20g
물 120g
물 150g
설탕 300g
글루코즈 시럽 (물엿) 300g
수용성 식용색소 (피스타치오 그린) 0.83g
수용성 식용색소 (레몬 옐로우) 5.50g
가당 연유 175g
화이트 초콜릿 320g
바닐라 파우더 2g
식용 은색 펄 파우더 (pépite d'argent) 0.5g

완성 재료

청사과 코팅

코팅 혼합물 300g (p.317 코팅하기 참조)
식용색소 (노랑) 2g
식용색소 (녹색) 2.5g
바닐라 파우더 3g

구운 아몬드 부순 것 100g (p.317 참조)
초콜릿으로 만든 줄기 꼭지 10개 (p.317 참조)

TARTELETTES POMME-ANETH

준비 : 3 시간 30 분

10 인분

조리 : 40 분

휴지 : 24 시간 + 4 시간

애플 딜 타르틀레트

타르틀레트 시트
FONDS DE TARTELETTES

하루 전날. 파트 쉬크레를 만들어 타르틀레트 틀에 앉힌 다음 (p.312 참조), 냉장고에 하루 동안 넣어 표면이 꾸둑해지도록 굳힌다.

사과 가나슈
GANACHE POMME

하루 전날. 젤라틴을 분량의 따뜻한 물에 섞어서 20분 정도 불린다. 생크림 80g을 뜨겁게 데운 후 잘게 다진 초콜릿 위에 부으면서 잘 혼합한다. 여기에 젤라틴을 넣는다. 핸드블렌더로 갈아 유화한 뒤, 나머지 차가운 생크림과 사과즙, 만자나 그린 애플 리큐어를 넣고 다시 핸드블렌더로 잘 혼합한다. 냉장고에 12시간 넣어둔다.

애플 딜 인서트
INSERT POMME-ANETH

당일. 사과 즐레를 만든 다음 (p.315 참조), 공기 주입을 최소화하면서 핸드블렌더로 갈아준다. 여기에 만자나 그린 애플 리큐어, 잘게 다진 딜, 아스코르빅산을 넣는다. 껍질 벗긴 사과를 사방 0.3cm 의 작은 큐브 모양으로 썰어 넣고 잘 섞은 다음 혼합물을 지름 3.5cm 반구형 실리콘 틀에 채워 넣는다. 냉동실에 1시간 넣어두어 완전히 얼린다.

달걀물 입히기
DORURE

오븐을 160℃로 예열한다. 타르틀레트 시트를 오븐에 넣어 20분간 굽는다. 달걀노른자와 생크림을 섞어 달걀물을 만든 다음 초벌구이한 시트에 붓으로 발라준다. 다시 오븐에 넣어 5분간 굽는다.

딜 아몬드 크림
CRÈME D'AMANDE-ANETH

잘게 썬 딜을 넣은 아몬드 크림을 만든 다음 (p.314 참조) 짤주머니에 넣는다. 구워 놓은 타르틀레트 시트에 딜 아몬드 크림을 채운 뒤 160℃ 오븐에 넣어 5분간 더 굽는다. 꺼내서 식힌다.

사과 콩포트
COMPOTÉE DE POMME

사과의 껍질을 벗기고 사방 0.3cm 크기의 작은 큐브 모양으로 썬다. 250g은 따로 보관하고 나머지 사과와 레몬 즙을 수비드용 비닐팩에 넣은 뒤 100℃의 스팀 오븐이나 냄비의 끓는 물에 넣어 13분간 익힌다. 사과 콩포트에 아스코르빅산과 따로 두었던 생 사과 큐브를 넣어 잘 섞는다. 짤주머니에 넣은 후 타르틀레트 시트의 아몬드 크림 층 위에 가득 채워 넣는다.

TARTELETTES POMME-ANETH

글라사주
GLAÇAGE

젤라틴을 분량의 따뜻한 물에 섞어서 20분 정도 불린다. 냄비에 물, 설탕, 물엿과 식용색소를 넣고 102℃까지 끓인다. 여기에 가당 연유를 넣어 섞은 다음 45℃까지 식힌다. 화이트 초콜릿을 녹여 여기에 넣고 젤라틴도 넣어준다. 마지막으로 바닐라 파우더와 식용 은색 펄 파우더를 넣고 핸드블렌더로 갈아 유화한 뒤 체에 거른다.

완성하기
MONTAGE ET FINITIONS

차가운 가나슈를 거품기로 돌려 휘핑한 다음, 지름 4.5cm 크기의 반구형 실리콘 틀에 채워 넣는다. 가운데에 냉동된 사과 딜 인서트를 하나씩 넣고 냉동실에 넣어 다시 3시간 동안 얼린다. 바닐라 파우더와 색소를 넣은 청사과 코팅 혼합물을 준비한다 (p.317 참조). 반구형 모양이 얼면 틀에서 분리한 다음 감자 필러 등을 사용해 윗면 중앙을 약간 우묵하게 파 사과 모양으로 만들어준다. 청사과 코팅의 온도가 45℃가 되면, 성형한 사과 모양을 나무 꼬치로 찍어 혼합물에 담가 코팅한다. 그다음 30℃의 글라사주에 담가 다시 한 번 코팅한다. 완성된 사과 모양을 타르틀레트 시트 위에 얹고, 굵게 다진 구운 아몬드를 이음새 부분에 빙 둘러 붙여준다. 초콜릿으로 만든 줄기 꼭지를 각 타르틀레트 맨 위에 하나씩 붙여 완성한다.

준비 : 3 시간 30 분

10 인분

조리 : 40 분

휴지 : 24 시간 + 4 시간

폼 다무르 타르틀레트

타르틀레트 시트
파트 쉬크레 590g (p.312 참조)

애플 로즈 가나슈
가루 젤라틴 12g
물 58g
생크림 (crème liquide) 280g
화이트 커버처 초콜릿 (ivoire) 80g
사과즙 60g
로즈 향 2방울

애플 로즈 인서트
사과 즐레 280g (p.315 참조)
캔디드 로즈 페탈 (설탕을 입힌 장미꽃 잎) 28g
큐브 모양으로 썬 사과 280g

달걀물
달걀노른자 100g
생크림 (crème liquide) 25g

애플 아몬드 크림
아몬드 크림 150g (p.314 참조)
사과 (Royal Gala) 1개

애플 콩포트
사과 (Royal Gala) 250g
레몬 즙 70g
아스코르빅산 5g
캔디드 로즈 페탈 (설탕을 입힌 장미꽃 잎) 20g

블러디 레드 글라사주
가루 젤라틴 20g
물 120g
물 150g
설탕 300g
글루코즈 시럽 (물엿) 300g
식용색소 (스트로베리 레드) 8g
가당 연유 175g
화이트 초콜릿 320g
바닐라 파우더 2g
식용 금색 펄 파우더 (pépite d'or) 0.5g

완성 재료
붉은색 코팅
코팅 혼합물 300g (p.317 코팅하기 참조)
식용색소 PCB® (빨강) 2g
바닐라 파우더 3g

구운 아몬드 부순 것 100g (p.317 참조)
초콜릿으로 만든 줄기 꼭지 10개 (p.317 참조)

폼 다무르 타르틀레트 만드는 법은 애플 딜 타르틀레트 (p.116) 레시피와 같다. 제시된 분량의 재료를 사용해 동일한 방법으로 만든다.

TARTELETTES POMME D'AMOUR

애플 타르트

타르트 시트
파트 쉬크레 590g (p.312 참조)
달걀노른자 100g
생크림 (crème liquide) 25g

아몬드 크림
아몬드 크림 300g (p.314 참조)

사과 콩포트
그래니 스미스 청사과 (Granny Smith) 1kg
레몬 즙 125g

완성 재료
사과 (Royal Gala) 8개
버터 100g

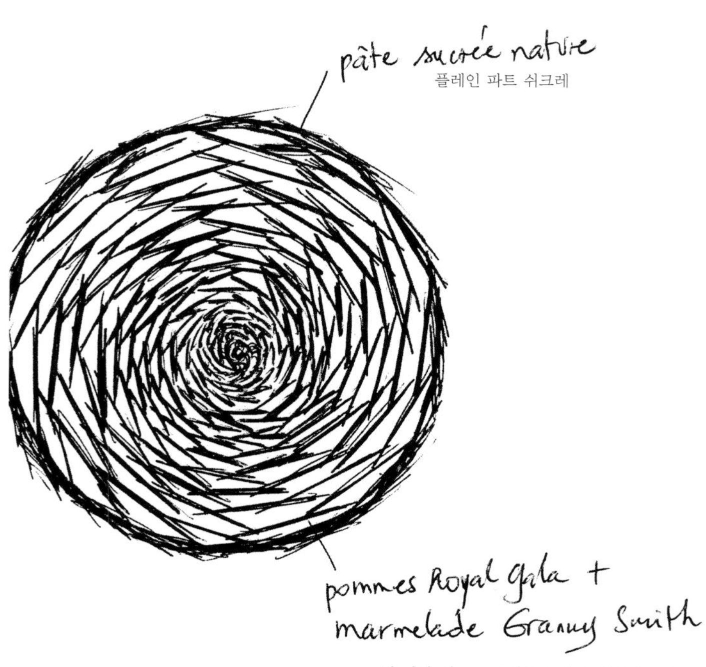

타르트 시트
FOND DE TARTE

하루 전날. 파트 쉬크레를 만들어 타르트 틀에 앉힌 다음 (p.312 참조), 냉장고에 하루 동안 넣어 표면이 꾸둑해지도록 굳힌다. 당일. 타르트 시트를 160°C로 예열한 오븐에 넣어 25분간 굽는다. 달걀노른자와 생크림을 섞어 달걀물을 만든 다음 초벌구이한 시트에 붓으로 발라준다. 다시 오븐에 넣어 10분간 굽는다.

아몬드 크림
CRÈME D'AMANDE

아몬드 크림을 만든다 (p.314 참조). 짤주머니를 사용해 타르트 시트에 아몬드 크림을 한 켜 채운다.
다시 오븐에 넣어 10분간 굽는다.

사과 콩포트
COMPOTÉE DE POMME

사과의 껍질을 벗기고 사방 0.3cm 크기의 작은 큐브 모양으로 썬다. 사과와 레몬 즙을 수비드용 비닐팩에 넣은 뒤 100°C의 스팀 오븐이나 냄비의 끓는 물에 넣어 13분간 익힌다. 사과 콩포트를 타르틀레트 시트의 아몬드 크림 층 위에 채워 넣는다.

완성하기
MONTAGE ET FINITIONS

사과는 껍질을 그대로 둔 상태로 2cm 두께로 살을 크게 썬다. 만돌린 슬라이서를 이용해 사과 살을 0.1cm 두께로 얇게 저민다. 이때 사과 슬라이스는 모두 같은 모양과 같은 크기로 준비해야 한다. 타르트 틀 바깥쪽부터 시작해 가운데 방향으로 사과를 겹쳐가며 나선형으로 빙 둘러 촘촘하게 채운다. 녹인 버터를 타르트 위에 붓으로 발라준 다음 175°C로 예열한 오븐에 넣어 6분간 구워낸다.

TARTE AUX POMMES

준비 : 2 시간

10 인분

조리 : 1 시간

휴지 : 24 시간

열대과일 및

FRU
EXOTI

이국적인 과일

ITS
QUES

열대과일 및 이국적인 과일

파인애플
ANANAS

계절
10월~4월

고르는 요령
잎이 진한 녹색을 띠고 단단하며 쉽게 떨어지는 것이 싱싱하다. 향이 진하고 무거운 것을 고른다.

평균 중량
1.8kg

보관
상온에서 6일 정도

어울리는 재료
코코넛, 아보카도, 레몬그라스

아보카도
AVOCAT

계절
10월~4월

고르는 요령
꼭지 부분의 살이 적당히 말랑한 것으로 고른다.

평균 중량
300g

보관
열매가 아직 단단한 경우 상온에서 5일 정도, 익었을 경우에는 냉장고에서 3일

어울리는 재료
에스플레트 칠리 가루, 야생 딸기, 사과

바나나
BANANE

계절
연중 내내

고르는 요령
녹색을 띤 노란색의 바나나를 골라 상온에 두면 천천히 익는다. 갈색 상처나 얼룩이 없는 것이 좋다.

평균 중량
150g

보관
상온에서 4~5일

어울리는 재료
럼, 버베나, 레몬그라스

패션푸르트, 백향과
FRUIT DE LA PASSION

계절
연중 내내

고르는 요령
너무 가볍지 않은 것으로 고른다.
껍질이 쭈글쭈글한 것은 잘 익었다는 표시다.

평균 중량
75g

보관
열매가 아직 단단한 경우 상온에서 1주일 정도,
잘 익은 경우는 냉장고 야채 칸에서 최대 이틀 정도

어울리는 재료
생강, 커피, 프로마주 블랑

리치
LITCHI

계절
11월~1월

고르는 요령
열매가 단단하고, 껍질의 손상이 없으며
짙은 분홍색을 띠는 것이 좋다.

평균 중량
20g

보관
상온에서 이틀 정도 또는
냉장고 야채 칸에서 15일 정도 보관 가능하다.

어울리는 재료
장미. 민트, 라즈베리

키위
KIWI

계절
11월~5월

고르는 요령
기호에 따라, 혹은 소비하는 시점을 감안해
단단한 것(약간 덜 익은 것) 또는 말랑한 것
(완전히 익은 것) 중 선택한다.

평균 중량
100g

보관
냉장고 야채 칸에 넣어둔다.
키위가 단단한 경우 몇 주간, 말랑하게 익은
경우는 일주일 정도 보관 가능하다.

어울리는 재료
잣, 흑임자, 초콜릿

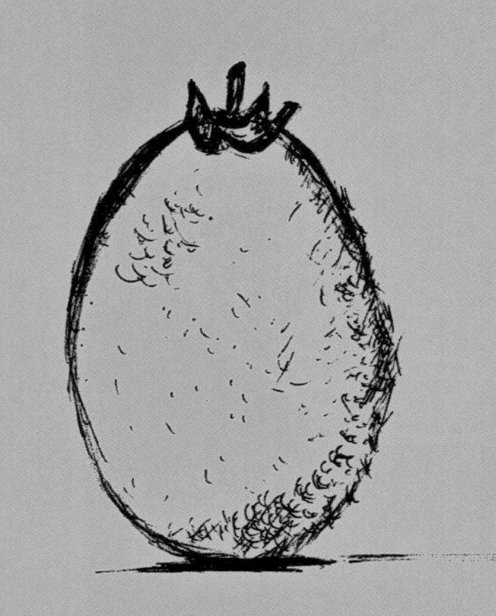

망고
MANGUE

계절
4월~7월, 12월

고르는 요령
색이 선명한 것은 물론이고, 만져 보았을 때
약간 말랑한 탄력이 느껴지는 것이 좋다.

평균 중량
400g

보관
말랑하게 익은 망고는 즉시 소비하거나,
시원한 곳(6℃)에서 며칠간 보관할 수 있다.

어울리는 재료
고수, 패션푸르트, 생강

준비 : 2 시간

조리 : 5 분

휴지 : 2 시간

10 인분

파인애플, 아보카도

파인애플 라임 소르베
파인애플 600g
물 140g
라임 즙 55g
포도당 분말 70g
설탕 140g
아이스크림용 안정제 4g

파인애플 아보카도 마멀레이드
파인애플 (ananas Victoria) 500g
유기농 아보카도 500g
생 파인애플 즙 50g

파인애플 즙 올리브오일
판 젤라틴 6.4g
생 파인애플 즙 540g
꿀 (miel Béton) 또는 라벤더 꿀 48g
레몬 즙 36g
올리브오일 240g

굵게 으깬 아보카도
유기농 아보카도 500g
레몬 즙 1개분
소금 (플뢰르 드 셀)
에스플레트 칠리 가루 (piment d'espelette) 1꼬집
생 민트 잎 3장

완성 재료
파인애플 칩 (p.316 참조)
에스플레트 칠리 가루
생 민트 잎 몇 장

파인애플 라임 소르베
SORBET ANANAS-CITRON VERT

파인애플 과육을 주서기로 착즙해 600g의 즙을 준비한다. 파인애플 즙 100g과 물, 라임 즙, 포도당 분말을 소스팬에 넣고 40℃까지 데운 다음 설탕과 안정제를 넣고 다시 85℃까지 가열한다. 냉장고에 2시간 동안 넣어 식힌다. 나머지 파인애플 즙을 넣고 블렌더로 갈아 잘 섞는다. 아이스크림 제조기에 넣고 돌려 소르베를 만든 다음, 미리 차갑게 해둔 용기에 옮겨 넣고 냉동실에 보관한다.

파인애플 아보카도 마멀레이드
MARMELADE ANANAS-AVOCAT

파인애플과 아보카도 살을 작은 큐브 모양으로 썬다. 파인애플 즙을 넣고 잘 섞은 다음 사용하기 전까지 냉장고에 보관한다.

파인애플 즙 올리브오일
JUS D'ANANAS-HUILE D'OLIVE

젤라틴을 분량 외 찬물에 담가 20분간 불린다. 파인애플 즙을 따뜻하게 데운 뒤 물을 꼭 짠 젤라틴, 꿀, 레몬 즙을 넣고, 올리브오일을 조금씩 넣어가며 비네그레트를 만들듯이 핸드블렌더로 갈아 유화한다. 뜨겁게 서빙한다.

굵게 으깬 아보카도
ÉCRASÉ D'AVOCAT

아보카도는 금방 색이 검게 변하므로 서빙하기 직전에 으깨는 것이 좋다. 레몬 즙, 플뢰르 드 셀, 에스플레트 칠리 가루를 넣어 양념하고 신선한 민트 잎을 찢어 넣는다.

완성하기
MONTAGE ET FINITIONS

으깬 아보카도를 접시에 놓고 그 위에 파인애플 라임 소르베를 스쿱으로 떠서 얹는다. 그 옆에 파인애플 아보카도 마멀레이드를 놓고 파인애플 칩을 몇 장 꽂아준다. 에스플레트 칠리 가루를 솔솔 뿌린다. 신선한 민트 잎을 굵직하게 찢어 파인애플 아보카도 마멀레이드 위에 얹어준다. 뜨거운 파인애플 즙 올리브오일 소스를 끼얹어 바로 서빙한다.

아보카도 코코넛 에클레어

에클레어

슈 반죽 400g

화이트 크럼블

크럼블 반죽 350g
이산화티탄 9g

화이트 글라사주

흰색 전분 글라사주 300g

코코넛 가보트 크리스피

가보트 반죽 400g
가늘게 간 코코넛 과육 50g

아보카도 코코넛 크림

생 코코넛 60g
코코넛 퓌레 280g
코코넛 밀크 120g
잔탄검 4g
생크림 120g
마스카르포네 100g
아보카도 80g

코코넛 가보트 크리스피
GAVOTTES CROUSTILLANTES COCO

가보트 크리스피를 만든다 (p.319 참조). 가늘게 간 코코넛 과육을 뿌린 다음 가늘게 찢어 구기듯이 가볍게 공 모양으로 뭉친다.

아보카도 코코넛 크림
CRÈME AVOCAT-COCO

코코넛을 밀대로 탁탁 쳐서 깨트린 다음 살을 긁어낸다. 코코넛 퓌레와 코코넛 밀크, 긁어낸 생 코코넛 과육과 아보카도를 섞은 뒤 잔탄검을 넣어가며 핸드블렌더로 갈아 혼합한다. 특히 생 코코넛 과육이 완전히 곱게 갈리도록 주의한다. 생크림과 마스카르포네를 거품기로 가볍게 휘핑한 다음 혼합물에 넣고 주걱으로 살살 섞는다. 냉장고에 20분간 넣어둔다.

에클레어
ÉCLAIRS

화이트 크럼블을 만든다 (p.318 참조). 슈 반죽으로 에클레어를 만들고 (p.318 참조) 화이트 크럼블을 덮어 180℃ 오븐에서 20분간 굽는다. 오븐 온도를 160℃로 낮춘 후 다시 15분간 건조시킨다. 화이트 글라사주를 만들어둔다 (p.319 참조).

완성하기
MONTAGE ET FINITIONS

뾰족한 칼끝을 이용해 에클레어 슈 바닥면에 4개의 구멍을 뚫은 후 짤주머니로 아보카도 코코넛 크림을 채워 넣는다. 화이트 글라사주를 전자레인지에 데워 27℃로 만든 다음, 에클레어 윗면에 우선 한 번 입힌다. 냉동실에 5분간 넣었다가 꺼내 두 번째 글라사주를 입힌다. 냉장고에 몇 분간 넣어 굳힌다. 에클레어에 코코넛 가보트 크리스피 볼을 올려 바로 서빙한다.

ÉCLAIRS AVOCAT-COCO

준비 : 2 시간

8 인분

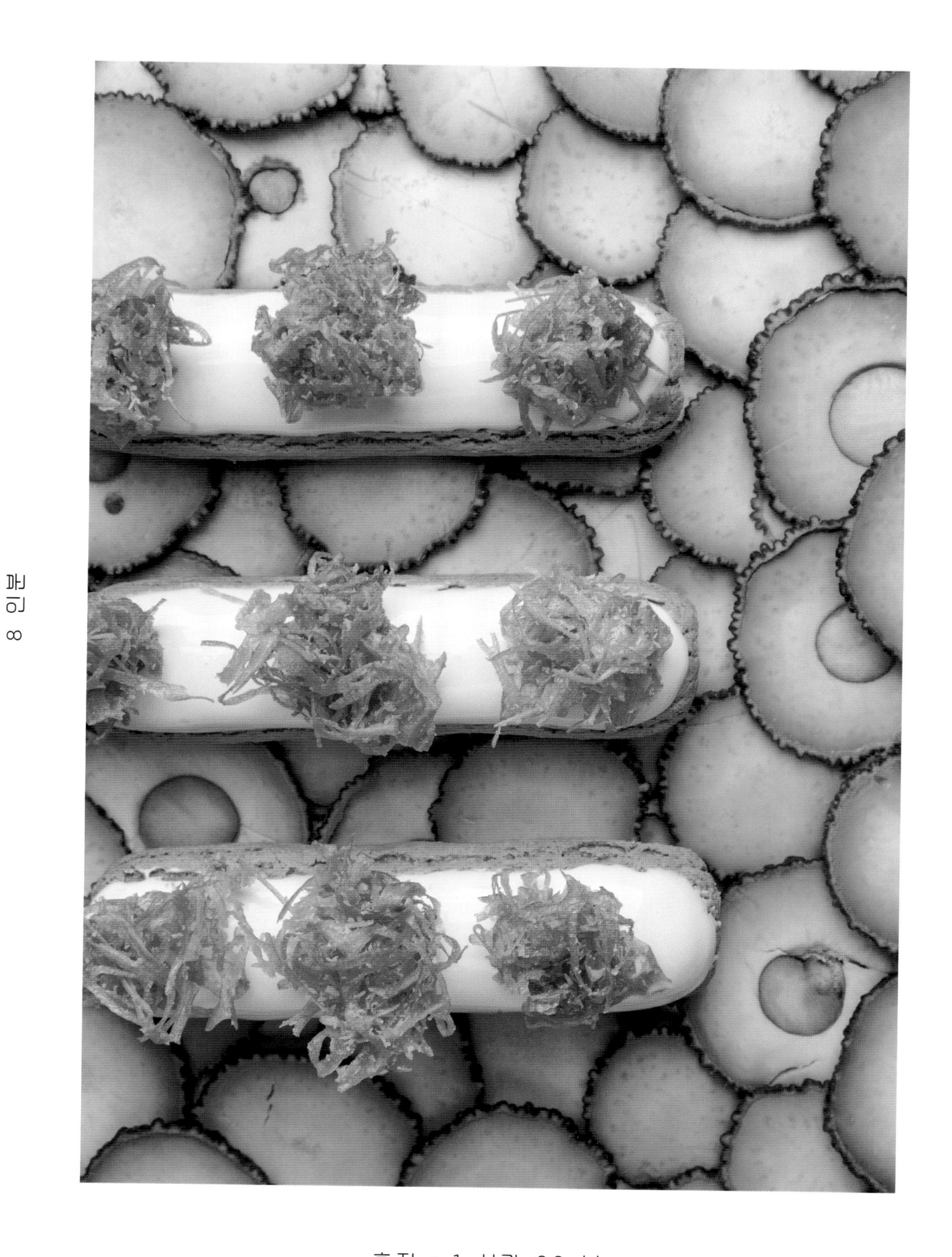

조리 : 35 분

휴지 : 1 시간 20 분

준비 : 2 시간

8 인분

조리 : 20 분

휴지 : 4 일 + 7 시간 30 분

바나나 투르트

푀유타주

뵈르 마니에 (beurre manié)
- 푀유타주 밀어접기용 버터 (beurre de tourage) 420g
- 밀가루 (farine de gruau) 165g

데트랑프 (détrempe)
- 물 160g
- 소금 15g
- 흰 식초 4g
- 상온의 부드러운 버터 130g
- 밀가루 (farine de gruau) 395g

바나나 아몬드 페이스트
- 바나나 200g
- 아몬드 페이스트 300g

바나나 아몬드 크림
- 구운 아몬드 가루 160g
- 슈거파우더 150g
- 버터 120g
- 커스터드 분말 20g
- 상온의 달걀 120g
- 생 바나나 주스 150g
- 럼 20g

완성 재료
- 바나나 4개
- 달걀노른자 4개

푀유타주
FEUILLETAGE

4일 전. 레시피에 제시된 분량의 재료로 3절 밀어접기 기준 6회를 해 푀유타주 반죽을 완성한다 (p.313 참조). 단, 하루에 2회씩 밀어접기를 하고 사이사이 한 나절씩 휴지시킨다. 하루 전날. 파티스리용 밀대를 사용해 푀유타주 반죽을 3mm 두께로 밀어준다. 지름 12cm 원반형 8개, 지름 14cm 원반형 8개를 원형 커터로 잘라낸다. 냉장고에 하룻밤 넣어둔다.

바나나 아몬드 페이스트
PÂTE D'AMANDE-BANANE

당일. 바나나를 으깨 아몬드 페이스트와 섞는다. 깍지를 끼우지 않은 짤주머니에 채워 넣는다.

바나나 아몬드 크림
CRÈME AMANDE-BANANE

전동 스탠드 믹서 볼에 구운 아몬드 가루, 슈거파우더, 상온의 부드러운 버터를 넣고 플랫비터로 최소 10분간 돌려 혼합한다. 커스터드 분말을 넣고 달걀을 하나씩 넣어가며 계속 잘 혼합한다. 마지막으로 생 바나나를 간 주스와 럼을 넣어 섞는다. 깍지를 끼우지 않은 짤주머니에 채워 넣는다.

완성하기
MONTAGE ET FINITIONS

베이킹 팬에 지름 12cm 푀유타주 반죽을 놓고, 달걀노른자를 풀어 붓으로 가장자리에 발라준다. 달걀물 바른 가장자리에 닿지 않게 주의하며 바나나 아몬드 페이스트를 90g씩 링 모양으로 짜 얹는다. 그 위에 바나나 아몬드 크림을 100g씩 짜준다. 사방 0.5cm로 깍둑 썬 생 바나나를 얹은 다음 지름 14cm짜리 푀유타주 반죽으로 덮어준다. 손바닥으로 살짝 눌러 안의 공기를 빼준다. 안의 충전물의 위치까지 반죽 가장자리를 눌러 꼼꼼히 봉합한다. 냉장고에 1시간 넣어둔 다음 꺼내서 다시 가장자리를 잘 눌러 봉합해준다. 냉동실에 30분간 넣어 반죽이 단단해지면 지름 10cm의 원형 커터로 중앙을 찍어 볼로방 (vol-au-vent) 모양으로 잘라낸다. 작은 칼의 칼등으로 가장자리를 빙 둘러 찍어준 다음 냉장고에 3시간 넣어둔다. 투르트를 뒤집어 다시 붓으로 달걀노른자를 발라준다. 냉장고에 3시간 넣어 굳힌 뒤 다시 한 번 달걀물을 덧바른다. 중앙에서 바깥쪽을 향해 줄무늬를 내준다.

익히기
CUISSON

오븐을 180°C로 예열한다. 실리콘 패드에 상온의 부드러운 버터를 바른 후 황설탕을 솔솔 뿌린다. 그 위에 투르트를 놓고 오븐에 넣어 10분간 굽는다. 높이 4cm, 지름 3cm의 링을 베이킹 팬 네 귀퉁이에 놓는다. 유산지를 한 장 놓고 그 위에 오븐용 그릴망을 한 장 얹는다. 이 상태로 170°C의 컨벡션 오븐에서 10분간 구워 완성한다.

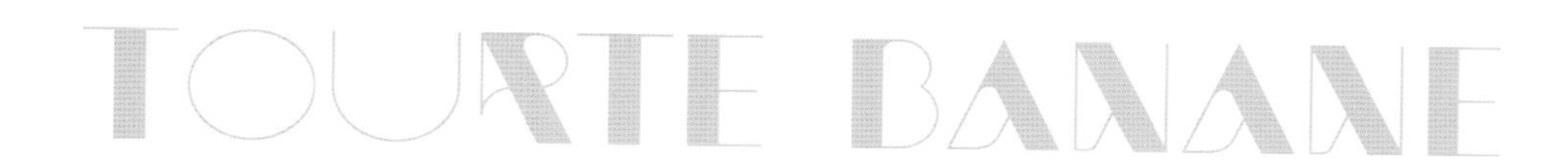

준비 : 2 시간

8 ~ 10 인분

조리 : 1 시간

휴지 : 24 시간 + 10 분

바나나 버베나 레몬그라스 수플레 타르트

타르트 시트
파트 쉬크레 590g (p.312 참조)
달걀노른자 100g
생크림 (crème liquide) 25g

버베나 아몬드 크림
아몬드 크림 100g (p.314 참조)
생 버베나 잎 3g

라임 레몬그라스 버베나 마멀레이드
라임 250g
물 20g
설탕 100g
펙틴 3g
생 버베나 잎 5g
레몬그라스 20g

라임 머랭
달걀흰자 200g
설탕 200g
라임 제스트 2개분

완성 재료
바나나 3개
슈거파우더

타르트 시트
FOND DE TARTE

하루 전날. 파트 쉬크레를 만들어 타르트 틀에 앉힌 다음 (p.312 참조), 냉장고에 하루 동안 넣어 표면이 꾸둑해지도록 굳힌다.
당일. 타르트 시트를 160℃로 예열한 오븐에 넣어 25분간 굽는다. 달걀노른자와 생크림을 섞어 달걀물을 만든 다음 초벌구이한 타르트 시트에 붓으로 발라준다. 다시 오븐에 넣어 10분간 굽는다.

버베나 아몬드 크림
CRÈME AMANDE-VERVEINE

아몬드 크림을 만든다 (p.314 참조). 버베나 잎을 씻어 잘게 썬 다음 크림에 넣어준다. 구워 놓은 타르틀레트 시트에 짤주머니를 사용해 버베나 아몬드 크림을 채운 뒤 160℃ 오븐에 넣어 10분간 더 굽는다.

라임 레몬그라스 버베나 마멀레이드
MARMELADE CITRON VERT-CITRONNELLE-VERVEINE

라임을 속 껍질까지 한번에 칼로 잘라 벗긴다. 그 껍질을 매번 넉넉한 찬물에 넣고 끓여 연속해서 다섯 번 데쳐낸다. 사방 0.5cm 크기의 작은 큐브 모양으로 썬다. 라임 과육 세그먼트를 잘라내고, 나머지 부분은 눌러 짜 20g의 즙을 추출한다. 라임 껍질과 과육, 레몬 즙, 물 20g을 넣고 블렌더로 간 다음 끓인다. 설탕과 펙틴, 버베나, 레몬그라스를 섞은 뒤 레몬 혼합물에 넣어준다. 다시 1분간 끓인 후 불에서 내리고 냉장고에 넣어둔다.

라임 머랭
MERINGUE CITRON VERT

전동 스탠드 믹서 볼에 달걀흰자를 넣고 거품을 올린다. 설탕을 넣어가며 계속 거품기를 돌려 단단한 머랭을 만든다. 라임 제스트를 곱게 갈아 머랭에 넣고 실리콘 주걱으로 살살 혼합한다.

완성하기
MONTAGE ET FINITIONS

바나나의 껍질을 벗기고 가로로 길게 갈라 두께 1cm 정도로 자른다. 잘라 놓은 바나나를 나란히 펴 붙여 놓고 지름 12cm짜리 원형 커터로 자른다. 160℃ 오븐에서 10분간 구운 뒤 꺼내 식힌다. 마이크로플레인® 그레이터를 사용해 타르트 시트 가장자리를 매끈하게 다듬는다. 마멀레이드를 채운 다음 원반형 바나나를 놓는다. 윗면을 스패출러로 매끈하게 다듬고 냉동실에 10분간 넣어둔다. 타르트 위에 라임 머랭을 뾰족한 모양으로 작게 짜 표면을 전부 덮어준 다음 슈거파우더를 솔솔 뿌린다. 250℃ 데크오븐에서 2분간 구워 살짝 그슬린 색을 내준다.

TARTE SOUFFLÉE BANANE-VERVEINE CITRONNELLE

100% 패션푸르트 타르틀레트

타르틀레트 시트
파트 쉬크레 590g (p.312 참조)

패션푸르트 휩드 가나슈
가루 젤라틴 4g
물 24g
생크림 (crème liquide) 530g
화이트 커버처 초콜릿 (ivoire) 144g
패션푸르트 120g

패션푸르트 인서트
레몬 즙 120g
패션푸르트 퓌레 180g
설탕 30g
한천 4g
패션푸르트 170g

달걀물
달걀노른자 100g
생크림 25g

패션푸르트 아몬드 크림
아몬드 크림 150g (p.314 참조)
생 패션프루트 30g

완성하기
블랙 코팅
코팅 혼합물 300g
(p.317 코팅하기 참조)
지용성 식용색소 (검은 숯) 5g

숯 크럼블
크럼블 100g (p.312 참조)
식용색소 (검은 숯) 1.7g

타르틀레트 시트
FONDS DE TARTELETTES

하루 전날. 파트 쉬크레를 만들어 타르틀레트 틀에 앉힌 다음 (p.312 참조), 냉장고에 하루 동안 넣어 표면이 꾸둑해지도록 굳힌다.

패션푸르트 휩드 가나슈
GANACHE MONTÉE PASSION

하루 전날. 젤라틴을 분량의 따뜻한 물에 섞어서 20분 정도 불린다. 생크림 분량의 반을 뜨겁게 데운 다음 젤라틴을 넣어 섞는다. 이것을 잘게 다진 초콜릿 위에 조금씩 부으면서 잘 저어 유화한다. 나머지 분량의 차가운 생크림과 패션프루트를 넣고 잘 섞은 뒤 밀폐 용기에 담고 랩을 표면에 접촉시켜 덮어 냉장고에 12시간 넣어둔다.

패션푸르트 인서트
INSERT PASSION

당일. 레몬 즙과 패션푸르트 퓌레를 데운다. 여기에 한천과 혼합한 설탕을 넣고 계속 가열해 2분간 끓인 뒤 넓은 용기에 덜어내 즉시 냉장고에 넣어 식힌다. 혼합물이 식으면 공기 주입을 최소화하면서 핸드블렌더로 갈아준다. 패션푸르트를 넣고 잘 섞은 뒤 혼합물을 지름 3.5cm 반구형 실리콘 틀에 채워 넣는다. 냉동실에 1시간 넣어두어 완전히 얼린다.

달걀물 입히기
DORURE

160°C로 예열한 오븐에 타르틀레트 시트를 넣어 20분간 굽는다. 달걀노른자와 생크림을 섞어 달걀물을 만든 다음 초벌구이한 타르틀레트 시트에 붓으로 발라준다. 다시 오븐에 넣어 5분간 굽는다.

패션푸르트 아몬드 크림
CRÈME AMANDE-PASSION

아몬드 크림을 만든 다음 (p.314 참조) 씨가 있는 패션푸르트 과육을 넣어 섞는다. 짤주머니에 넣고 구워 놓은 타르틀레트 시트에 패션푸르트 아몬드 크림을 채운 뒤 160°C 오븐에 넣어 5분간 더 굽는다.

완성하기
MONTAGE ET FINITIONS

차가운 가나슈를 거품기로 돌려 휘핑한 다음 짤주머니에 넣고, 지름 4.5cm 크기의 반구형 실리콘 틀에 채워 넣는다. 가운데에 패션푸르트 인서트를 하나씩 넣고 냉동실에 3시간 동안 넣어 얼린다. 검정색 코팅 혼합물을 준비한다 (p.317 참조). 반구형 모양이 얼면 틀에서 분리한 다음 나무 꼬치로 찍어 혼합물에 담가 코팅한다. 검정색 혼합물을 스프레이건으로 분사해 벨벳 질감으로 코팅한 다음, 부분적으로 분사 시간을 달리해 붉은색, 희끗한 색의 불규칙한 얼룩 자국을 내주면서 쭈글쭈글한 입체감을 표현한다. 완성된 패션푸르트 반쪽 모양을 각 타르틀레트 시트 위에 얹고, 숯 크럼블을 이음새 부분에 빙 둘러 붙여 완성한다.

TARTELETTES 100% PASSION

준비 : 3 시간 30 분

10 인분

조리 : 35 분

휴지 : 24 시간 + 4 시간

준비 : 2 시간

조리 : 1 시간 10 분

휴지 : 12 시간 + 1 시간

8 인분

패션푸르트 생강 에클레어

패션푸르트 생강 가나슈
가루 젤라틴 3g
물 18g
생크림 (crème liquide) 400g
화이트 커버처 초콜릿 (ivoire) 110g
패션푸르트 퓌레 90g
곱게 간 생강 15g

에클레어
슈 반죽 400g

노란색 크럼블
크럼블 반죽 350g
지용성 식용색소 (노랑) 5g
이산화티탄 1g

노란색 전분 글라사주
전분 글라사주 300g
식용색소 (노랑) 10g

가보트 크리스피
가보트 반죽 400g
생강 콩피 50g

생강 콩피
생강 50g
설탕 500g
물 125g

패션푸르트 생강 마멀레이드
물 120g
레몬 즙 180g
설탕 30g
한천 4g
패션푸르트 씨와 과육 170g
생강 콩피 40g

패션푸르트 생강 가나슈
GANACHE PASSION-GINGEMBRE

하루 전날. 젤라틴을 분량의 따뜻한 물에 섞어서 20분 정도 불린다. 생크림 분량의 반을 뜨겁게 데운 다음 젤라틴을 넣어 섞는다. 이것을 잘게 썬 화이트 초콜릿 위에 조금씩 부으면서 잘 혼합한다. 나머지 분량의 차가운 생크림과 패션프루트 퓌레, 강판에 곱게 간 생강을 넣는다. 핸드블렌더로 갈아 완전히 균일하게 유화한다. 원형 깍지를 끼운 짤주머니에 채워 넣고 냉장고에 12시간 넣어둔다.

에클레어
ÉCLAIRS

당일. 슈 반죽으로 에클레어를 만들고 (p.318 참조) 노란색 크럼블 (p.318 참조)을 덮어 180°C 오븐에서 20분간 굽는다. 오븐 온도를 160°C로 낮춘 후 다시 15분간 건조시킨다. 노란색 글라사주와 가보트 크리스피 볼을 만들어둔다 (p.319 참조).

생강 콩피
GINGEMBRE CONFIT

생강의 껍질을 벗기고 굵직하게 썬 다음 넉넉한 찬물에 넣고 끓여 데치기를 연속해서 3번 반복한다. 설탕 분량의 반과 물을 끓여 시럽을 만든 다음, 생강을 넣고 뚜껑을 닫은 상태로 아주 약한 불에서 30분간 졸인다. 이때 온도가 70°C를 넘지 않도록 한다. 나머지 분량의 설탕을 여러 번에 나누어 첨가해가며 시럽의 농도를 진하게 한다. 생강이 말랑말랑해지면 건져내고 남은 시럽을 103°C까지 가열한다. 식힌 다음 생강을 다시 시럽에 넣고 냉장고에 보관한다.

패션푸르트 생강 마멀레이드
MARMELADE PASSION-GINGEMBRE

물과 레몬 즙을 가열하고 여기에 한천과 섞은 설탕을 넣어준다. 2분간 끓인 후 넓은 용기에 담아 냉장고에 넣어 식힌다. 차가워진 혼합물을 최대한 공기가 주입되지 않도록 주의하면서 핸드블렌더로 갈아준다. 패션프루트 씨와 과육, 생강 콩피를 넣고 섞는다.

완성하기
MONTAGE ET FINITIONS

뾰족한 칼끝을 이용해 에클레어 슈 바닥면에 4개의 구멍을 뚫은 후 가나슈와 마멀레이드를 채워 넣는다. 노란색 글라사주를 전자레인지에 데워 27°C가 되게 한 다음, 에클레어 윗면에 우선 한 번 입힌다. 냉장고에 5분간 넣었다가 꺼내 두 번째 글라사주를 입힌다. 냉장고에 몇 분간 넣어 굳힌다. 가보트 크리스피에 작게 자른 생강 콩피를 몇 조각 얹은 뒤 각 에클레어에 3개씩 얹어 완성한다.

ÉCLAIRS PASSION GINGEMBRE

100% 키위 케이크

키위 휩드 가나슈
가루 젤라틴 6g
물 50g
생크림 (crème liquide) 600g
화이트 커버처 초콜릿 (ivoire) 108g
키위 과육 퓌레 100g

아몬드 비스퀴
아몬드 가루 130g
비정제 황설탕 225g
달걀흰자 330g
달걀노른자 50g
생크림 (crème liquide) 30g
설탕 20g
소금 1g
버터 105g
밀가루 (T55) 50g
베이킹파우더 3g
생 아몬드 몇 개

키위 즐레
큐브 모양으로 썬 생 키위 180g
아스코르빅산 2g
키위 퓌레 500g
라임 즙 30g
설탕 30g
펙틴 (pectine NH) 4g

튀일 반죽
달걀 3개
설탕 215g
달걀흰자 105g

종자류 크리스피
잣 40g
흰 깨 15g
검은 깨 15g
해바라기 씨 15g
호박 씨 20g
블랙 퀴노아 15g
레드 퀴노아 20g

완성 재료
그린 펄 글라사주
글라사주 혼합물 300g (p.317 참조)
연두색 펄 파우더 10g

생 키위 슬라이스 몇 조각

ENTREMETS 100% KIWI

준비 : 3 시간

8 인분

조리 : 1 시간

휴지 : 24 시간 + 2 시간 30 분

은빛 리치 생토노레

푀유타주
FEUILLETAGE

하루 전날. 생토노레용 푀유타주를 만들어 (p.313 참조) 냉장고에서 24시간 동안 휴지시킨다.
당일. 반죽을 크기에 맞추어 잘라 굽는다 (p.313 참조).

리치 크림
CRÈME LITCHI

생크림과 마스카르포네, 설탕, 리치 향을 볼에 넣고 핸드블렌더로 혼합한 다음 냉장고에 1시간 넣어둔다.

아몬드 크림
CRÈME D'AMANDE

컨벡션 오븐을 170℃로 예열한다. 럼을 넣고 아몬드 크림을 만든 다음 (p.314 참조), 짤주머니에 채워 냉장고에 30분간 넣어둔다. 파트 푀유테 시트에 아몬드 크림을 얇게 한 켜 짜준다. 오븐에 넣어 5분간 굽는다.

흰색 크럼블
CRUMBLE BLANC

전동 스탠드 믹서 볼에 버터와 밀가루, 황설탕, 이산화티탄을 넣고 플랫비터로 혼합한다. 반죽에 끈기가 생기지 않도록 너무 오래 치대지 않는다. 반죽을 꺼내 두 장의 유산지 사이에 넣고 밀대로 5mm 두께가 되도록 납작하게 민다. 또는 압착 파이 롤러를 사용해도 좋다. 냉동실에 15분간 넣어두었다 꺼낸 뒤 지름 2cm짜리 원형 커터로 작게 찍어낸다.

프티 슈
PETITS CHOUX

슈 반죽을 만들어 (p.312 참조) 베이킹 팬에 프티 슈를 짜 놓는다. 컨벡션 오븐을 180℃로 예열한다. 지름 2cm로 동그랗게 잘라둔 크럼블을 각각 하나씩 슈에 얹고 오븐에 넣어 15분간 굽는다. 오븐의 온도를 160℃로 낮춘 뒤 5분간 더 구워낸다.

리치 크렘 파티시에
CRÈME PÂTISSIÈRE LITCHI

젤라틴을 분량의 따뜻한 물에 섞어서 20분 정도 불린다. 달걀노른자와 설탕, 커스터드 분말, 밀가루를 넣고 색깔이 연해질 때까지 거품기로 혼합한다. 리치 퓌레를 가열해 끓으면 바로 혼합물에 부어 섞고 다시 냄비로 모두 옮겨 2분간 끓인다. 불에서 내린 다음 카카오 버터를 넣어 섞고 이어서 젤라틴도 넣어준다. 핸드블렌더로 갈아 혼합한 다음 넓은 용기에 펼쳐 담고 재빨리 식힌다. 냉장고에 30분간 넣어둔다. 식은 크림을 전동 스탠드 믹서 볼에 넣고 플랫비터를 돌려 풀어준 다음, 올리브오일을 넣어 섞는다.

SAINT-HONORÉ LITCHI ARGENTÉ

은빛 슈거 코팅
SUCRE ARGENTÉ

소스팬에 이소말트를 넣고 가열한다. 온도가 170°C에 이르면 은박 스프링클을 넣고 가열을 중단한다. 슈를 담가 윗면을 코팅한다. 지름 2.5cm의 반구형 틀 안에 코팅한 슈를 하나씩 거꾸로 넣고 이소말트 설탕이 굳도록 몇 분간 둔다. 틀에서 꺼낸다.

완성하기
MONTAGE ET FINITIONS

슈 밑면에 작은 구멍을 내고 리치 크림과 리치 크렘 파티시에를 순서대로 가득 채운다. 아몬드 크림을 얹어 구워낸 푀유타주 시트 중앙에 리치 크렘 파티시에를 짜준다. 속을 채운 프티 슈를 빙 둘러 얹어 놓는다. 생 리치를 동그랗게 잘라 리치 크렘 파티시에를 전부 덮다시피 놓아준다. 나머지 리치 크림을 거품기로 휘핑해 샹티이를 만든 다음 생토노레 깍지 (20호)를 끼운 짤주머니에 채워 넣는다. 생토노레 중앙에 크림을 짜 얹고 가운데 프티 슈를 하나 올려 완성한다.

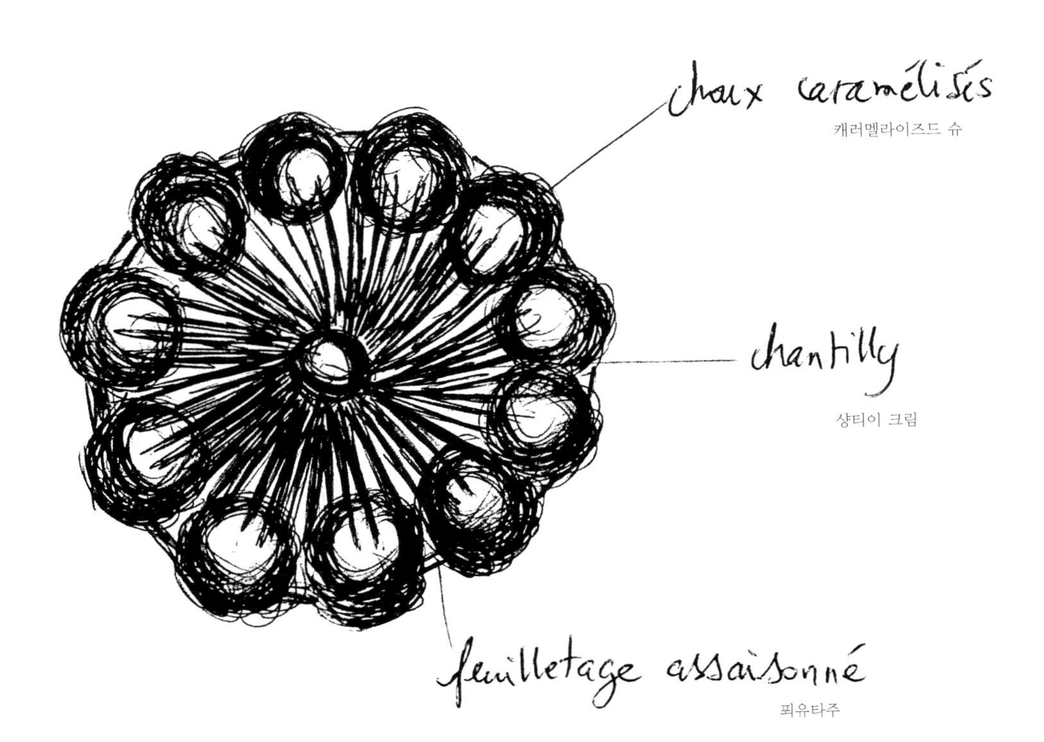

준비 : 3 시간

15 인분

조리 : 35 분

휴지 : 12 시간 + 6 시간

리치 제라늄 로즈

제라늄 가나슈
가루 젤라틴 6g
물 42g
화이트 커버처 초콜릿 (ivoire) 172g
생크림 (crème liquide) 775g
제라늄 에센스 향 (No.43 Baume des Anges®)
1방울

리치 젤
리치 과육 300g
레몬 즙 80g
물 127g
설탕 25g
한천 10g

레몬 비스퀴
아몬드 가루 255g
비정제 황설탕 225g
달걀흰자 330g
달걀노른자 105g
생크림 (crème liquide) 60g
설탕 45g
소금 1g
버터 210g
밀가루 (T55) 105g
베이킹파우더 6g
레몬 제스트 2개분

리치 인서트
생 리치 90g
캔디드 제라늄 (géraniums cristallisés) 40g
제라늄 에센스 향 (No.43 Baume des Anges®)
1방울

사블레 브르통
달걀노른자 20g
달걀 55g
바닐라 페이스트 5g
상온의 버터 375g
밀가루 (farine de gruau) 280g
슈거파우더 140g
흰 아몬드 가루 100g
카카오 버터 200g
레몬 제스트 5개분
구연산 (acide citrique) 25g

코팅 재료
코팅 혼합물 300g (p.317 코팅하기 참조)
이산화티탄 또는 식용색소 (빨강)

리치 제라늄 로즈

제라늄 가나슈

GANACHE GÉRANIUM

하루 전날. 젤라틴을 분량의 따뜻한 물에 섞어서 20분 정도 불린다. 커버처 초콜릿을 녹인다. 생크림 분량의 반을 뜨겁게 데운 후 젤라틴을 넣어 섞고 이를 초콜릿 위에 부으면서 잘 혼합한다. 여기에 나머지 분량의 차가운 생크림을 넣고 핸드블렌더로 갈아 유화한 뒤, 제라늄 에센스 향을 넣는다. 넓은 용기에 펼쳐 담고 냉장고에 12시간 넣어둔다.

리치 젤

GEL LITCHI

당일. 리치 과육과 레몬 즙, 물을 가열한다. 여기에 한천과 섞은 설탕을 넣어준다. 2분간 끓인 뒤 냉장고에 30분간 넣어 식힌다. 차가워진 젤을 핸드블렌더로 갈아준다.

레몬 비스퀴

BISCUIT CITRON

오븐을 180℃로 예열한다. 아몬드 가루와 황설탕 195g, 달걀흰자 60g, 달걀노른자, 생크림, 설탕, 소금을 혼합한다. 버터를 녹인 뒤 미지근하게 식힌다. 전동 스탠드 믹서 볼에 나머지 달걀흰자를 넣고 와이어 휩으로 돌려 거품을 올린다. 나머지 황설탕을 조금씩 넣어가며 단단한 거품을 만든다. 녹인 버터를 첫 번째 혼합물에 넣고 밀가루와 베이킹파우더도 섞어서 혼합물에 넣어준다. 이어서 거품 올린 달걀흰자를 넣고 살살 섞은 뒤, 마지막으로 곱게 간 레몬 제스트를 넣는다. 비스퀴 반죽을 5mm 두께로 펼쳐 놓고 오븐에서 5분간 구운 뒤 팬의 위치를 한 번 돌려주고 다시 5분간 구워낸다. 지름 2cm 크기의 원형 커터로 잘라낸 다음, 지름 3.5cm짜리 반구형 틀의 칸칸마다 한 장씩 움푹하게 넣어준다.

리치 인서트

INSERT LITCHI

리치 젤 200g과 굵직하게 다진 생 리치 과육, 캔디드 제라늄, 에센스 향을 모두 혼합한다. 비스퀴를 한 장씩 깔아 놓은 반구형 틀에 이 혼합물을 채운 다음 냉동실에 2시간 넣어두어 완전히 얼린다.

사블레 브르통
SABLÉ BRETON

달걀노른자와 달걀을 볼에 넣고 거품기로 색이 연해질 때까지 잘 저어 섞은 다음 바닐라 페이스트를 넣는다. 버터와 밀가루, 체에 친 슈거파우더, 아몬드 가루를 잘 섞은 후 첫 번째 혼합물을 넣어 섞어준다. 냉장고에 2시간 넣어둔다. 반죽을 꺼내 두 장의 초콜릿용 투명 전사지 사이에 넣고 9mm 두께로 밀어준다. 냉동실에 최소 30분 이상 넣어둔다.

오븐을 170℃로 예열한다. 사블레 브르통 반죽을 오븐에 넣어 15분간 굽는다. 식힌다.

완전히 식으면 푸드 프로세서로 분쇄한 다음 카카오 버터, 레몬 제스트, 구연산을 넣어 섞는다.

코팅하기, 완성하기
ENROBAGE, MONTAGE ET FINITIONS

차가운 믹싱볼에 제라늄 가나슈를 넣고 거품기로 휘핑한 다음 생토노레 깍지를 끼운 짤주머니에 채워 넣는다. 틀에서 분리한 리치 인서트를 중심으로 꽃잎 모양으로 빙 돌려가며 짜 붙여 장미 모양을 만든다. 나무 꼬챙이로 찔러 냉동실에 1시간 정도 넣어둔다. 코팅 혼합물을 만든 다음 (p.317 참조), 스프레이건으로 분사해 장미를 벨벳 느낌이 나게 코팅한다. 장미의 색깔은 취향에 따라 색소를 배합해 선택하면 된다. 카카오 버터와 섞어둔 사블레 브르통을 밀대로 민 다음 지름 5.5cm의 원형 커터로 잘라 원반형 받침을 만들고, 그 위에 장미를 하나씩 얹어 완성한다.

준비 : 2 시간

10 인분

조리 : 15 분

휴지 : 12 시간 + 9 시간

망고, 바닐라, 생강

바닐라 휩드 가나슈
가루 젤라틴 12g
물 84g
생크림 (crème liquide) 750g
바닐라 빈 5줄기
바닐라 에센스 4g
화이트 커버처 초콜릿 (ivoire) 344g

망고 생강 인서트
가루 젤라틴 10g
물 70g
망고 퓌레 575g
생강 식초 63g
큐브 모양으로 썬 망고 413g

아몬드 다쿠아즈
달걀흰자 225g
설탕 74g
아몬드 가루 200g
슈거파우더 225g

완성 재료
코코넛 파우더

화이트 실버 트라이앵글
화이트 커버처 초콜릿 (ivoire) 300g
이산화티탄 8g
은색 파우더

화이트 분사 코팅
분사 코팅 혼합물 200g (p.317 참조)
이산화티탄 5g

바닐라 휩드 가나슈
GANACHE MONTÉE VANILLE

하루 전날. 젤라틴을 분량의 따뜻한 물에 섞어서 20분 정도 불린다. 생크림 분량의 1/3을 뜨겁게 데운 뒤, 길게 갈라 긁은 바닐라 빈을 줄기와 함께 넣고, 바닐라 에센스도 넣어준다. 30분 정도 향이 우러나오게 둔다. 체에 거른 다음 젤라틴을 넣어 섞고, 잘게 다진 초콜릿 위로 부으면서 잘 저어 혼합한다. 나머지 분량의 차가운 생크림을 모두 넣고 핸드블렌더로 갈아 유화한다. 용기에 덜어 냉장고에 12시간 넣어둔다.

망고 생강 인서트
INSERT MANGUE-GINGEMBRE

당일. 젤라틴을 분량의 따뜻한 물에 섞어서 20분 정도 불린다. 소스팬에 망고 퓌레를 넣고 뜨겁게 데운 다음 불에서 내리고 젤라틴을 넣어 섞는다. 생강 식초와 작은 큐브 모양으로 썬 망고를 넣고 잘 섞는다. 혼합물을 지름 4.5cm 반구형 실리콘 틀에 채우고 냉동실에 4시간 넣어두어 완전히 얼린다.

아몬드 다쿠아즈
DACQUOISE AMANDE

컨벡션 오븐을 180°C로 예열한다. 전동 스탠드 믹서 볼에 달걀흰자를 넣고 와이어 휩을 돌려 거품을 올린다. 설탕을 조금씩 넣어가며 단단한 거품을 올린다. 아몬드 가루와 슈거파우더를 체에 친 다음 거품 올린 달걀흰자에 넣고 실리콘 주걱으로 살살 혼합한다. 유산지 위에 1cm 두께로 펴 놓은 다음 오븐에 넣어 12분간 굽는다. 식으면 지름 6cm 원형 커터로 잘라 놓는다.

완성하기
MONTAGE ET FINITIONS

바닐라 가나슈를 거품기로 돌려 휘핑한 다음 지름 7cm 반구형 실리콘 틀에 반만 채워 넣는다. 망고 인서트를 중앙에 놓고 휘핑한 바닐라 가나슈로 얇게 덮어준 다음 마지막으로 아몬드 다쿠아즈를 얹는다. 냉동실에 4시간 넣어둔다. 화이트 초콜릿을 녹인 뒤 이산화티탄을 넣고 핸드블렌더로 갈아 혼합한다. 초콜릿을 템퍼링한 다음 (p.317 참조), 초콜릿용 투명 전사지(Rhodoïd)에 얇게 펴놓는다. 살짝 굳으면 칼로 다양한 크기와 형태의 삼각형 절단 자국을 낸다. 전사지를 뒤집어 유산지 위에 놓고 그 위에 묵직하고 평평한 베이킹 팬으로 눌러 움직이지 않게 고정한 다음 냉장고에 10분간 넣어둔다. 꺼내서 칼로 낸 자국을 따라 초콜릿을 깨트려 삼각형 모양을 잘라낸다. 그중 일부분은 냉동실에 1분간 넣었다가 꺼내서 은색 파우더를 뿌린다. 나머지는 흰색 그대로 사용한다.
분사 코팅 혼합물을 만든다 (p.317). 반구형 모양을 틀에서 분리한 뒤 스프레이건으로 분사해 코팅한다. 그 위에 은색과 흰색의 화이트 초콜릿 조각을 올린다. 냉동실에 다시 30분간 넣어둔다.

MANGUE, VANILLE, GINGEMBRE

망고 패션푸르트 라비올리

패션푸르트 소르베

물 500g
설탕 250g
포도당 분말 100g
아이스크림용 안정제 15g
우유 500g
패션푸르트 퓌레 500g
패션푸르트 씨와 과육 6개분

라비올리

밀가루 (T45) 300g
달걀노른자 235g
고수 잎 50g

고수 페스토

고수 50g
아몬드 30g
올리브오일 80g
분쇄한 얼음 2g

라비올리 완성 재료

구슬 모양을 낸 망고 16알
물 400g
설탕 15g
고수 5g

플레이팅

망고 320g
고수 80g

패션푸르트 소르베

SORBET PASSION

하루 전날. 물을 끓인다. 설탕과 포도당 분말, 안정제를 섞어 끓는 물에 넣는다. 용기에 덜어 냉장고에 30분간 넣어 식힌다. 혼합물이 식으면 우유, 패션푸르트 퓌레, 패션푸르트 과육과 씨를 넣고 핸드블렌더로 갈아 혼합한다. 용기에 덜어 냉장고에 24시간 동안 보관한다. 당일. 핸드블렌더로 한 번 더 갈아 혼합한 뒤 아이스크림 제조기에 넣어 돌린다.

라비올리

RAVIOLES

전동 스탠드 믹서 볼에 밀가루, 달걀노른자, 고수를 넣고 혼합물이 균일해질 때까지 플랫비터로 돌려 섞는다. 반죽을 랩으로 밀착해 덮은 뒤 냉장고에 넣어 최소 3시간 이상 휴지시킨다.

고수 페스토

PESTO CORIANDRE

고수, 다진 아몬드, 올리브오일, 분쇄한 얼음을 핸드블렌더로 갈아 혼합한다.

라비올리 완성하기

FINITION DES RAVIOLES

라비올리 반죽을 1mm 두께로 얇게 밀어 지름 10cm 원형 커터로 잘라둔다. 중앙에 방울 모양으로 도려낸 망고를 한 개씩 놓고 라비올리 피의 가장자리 중 세 지점을 중앙으로 모아 망고를 덮으면서 삼각형으로 만들어 붙인다. 냉장고에 넣어둔다.
소스팬에 물과 설탕, 고수를 넣고 끓인다. 라비올리를 넣고 약하게 끓는 상태로 3분간 익힌다.

플레이팅

DRESSAGE ET FINITIONS

망고의 껍질을 벗기고 작은 큐브 모양으로 썬 다음 접시 바닥에 깔아준다. 패션푸르트 소르베 위에 고수 페스토를 놓고 소르베를 돌돌 말아 망고 위에 놓는다. 망고 라비올리를 접시당 2개씩 놓고 고수 잎을 몇 장 뿌려 장식한다.

준비 : 2 시간

8 인분

조리 : 20 분

휴지 : 24 시간 + 3 시간 30 분

붉은색, 검은색

FRU
ROU
& NO

과일

붉은색, 검은색 과일

크랜베리
AIRELLE

계절
8월, 9월

고르는 요령
향이 진하고 열매가 통통하며
껍질이 매끈한 것으로 고른다.

평균 중량
한 알당 10g 이하

보관
상온에서 며칠간 보관 가능하다.

어울리는 재료
레드커런트, 타임, 계피

블랙커런트, 카시스
CASSIS

계절
8월, 9월

고르는 요령
곰팡이 핀 곳이 없나 꼼꼼히 확인한다.
포장 용기 바닥 부분의 과일 상태도
무르거나 상한 것이 없는지 확인한다.

평균 중량
한 알당 10g 이하

보관
냉장고 야채 칸에서 24~48시간 동안 보관할 수 있다.
먹기 30분 전에 미리 꺼내둔다.

어울리는 재료
딸기, 라즈베리, 블루베리

체리
CERISE

계절
6월

고르는 요령
살이 많고 윤기가 나며, 선명한 녹색을 띤
꼭지 부분이 잘 붙어 있는 것을 고른다.

평균 중량
한 알당 10g 이하

보관
상온에서 3일 정도 보관 가능하다. 날씨가 더운
경우에는 냉장고 야채 칸에 넣어 5일 정도 보관할 수
있다. 먹기 20분 전에 냉장고에서 미리 꺼내둔다.

어울리는 재료
키르슈, 타라곤, 피스타치오

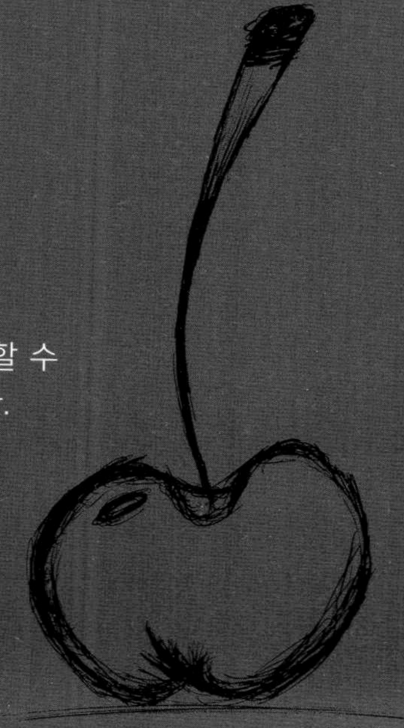

딸기
FRAISE

계절
4월~6월

고르는 요령
향이 진하고 과육이 윤기가 나며
꼭지가 싱싱하게 달려 있는 것으로 고른다.

평균 중량
10g

보관
냉장고에서 최대 48시간.
먹기 20분 전에 미리 꺼내둔다.

어울리는 재료
바질, 초콜릿, 아보카도

라즈베리, 산딸기
FRAMBOISE

계절
7월~9월

고르는 요령
살이 통통하고 표면이 벨벳과 같으며
한 알 한 알 상처가 없이 탱글탱글한
것으로 고른다.

평균 중량
한 알당 10g 이하

보관
냉장고에서 최대 48시간

어울리는 재료
타임, 프로마주 블랑, 피스타치오

레드커런트
GROSEILLE

계절
6월~9월

고르는 요령
짓무르거나 상처가 없고 알이 탱글탱글한 것으로 고른다.

평균 중량
한 알당 10g 이하

보관
냉장고 아랫부분에 넣어
2~3일 정도 보관 가능하다.

어울리는 재료
레몬, 복숭아, 살구, 멜론

준비 : 2 시간

6 인분

조리 : 30 분

휴지 : 12 시간 + 1 시간 30 분

크랜베리 밀푀유

바닐라 무스
화이트 커버처 초콜릿 (ivoire) 172g
가루 젤라틴 6g
물 42g
생크림 (crème liquide) 775g
바닐라 빈 3줄기

푀유타주
뵈르 마니에 (beurre manié)
푀유타주 밀어접기용 버터 (beurre de tourage) 330g
밀가루 (farine de gruau) 135g

데트랑프 (détrempe)
물 130g
소금 12g
흰 식초 3g
상온의 부드러운 버터 102g
밀가루 (farine de gruau) 315g

크랜베리 즙
냉동 크랜베리 400g
설탕 40g

크랜베리 콩포트
크랜베리 즙 40g
설탕 30g
냉동 크랜베리 250g
포도당 분말 15g
펙틴 (pectine NH) 2g
주석산 (acide tartrique) 2g
물 15g
전분 8g

바닐라 무스
MOUSSE VANILLE

하루 전날. 젤라틴을 분량의 따뜻한 물에 섞어서 20분 정도 불린다. 생크림 분량의 1/3을 뜨겁게 데운 뒤, 길게 갈라 긁은 바닐라 빈과 바닐라 에센스를 함께 넣고 30분 정도 향을 우려낸다. 체에 거른 다음 젤라틴을 넣어 섞고, 잘게 다진 커버처 초콜릿 위로 부으면서 잘 저어 혼합한다. 나머지 분량의 차가운 생크림을 모두 넣고 핸드블렌더로 갈아 유화한다. 용기에 덜어 냉장고에 최소 12시간 이상 넣어둔다.

푀유타주
FEUILLETAGE

당일. 3절 밀어접기 기준 6회를 해 푀유타주 반죽을 완성한다 (p.313 참조). 오븐을 180°C로 예열한다. 준비한 푀유타주 반죽을 3mm 두께로 얇게 밀어 두 장의 베이킹 팬 사이에 놓고 오븐에 30분간 굽는다. 11cm x 20cm 크기의 직사각형 4개를 잘라낸다. 다시 180°C 오븐에 넣어 10분간 굽는다.

크랜베리 즙
JUS D'AIRELLE

오븐을 100°C로 예열한다. 냉동 크랜베리와 설탕을 오븐용 용기에 넣고 내열용 주방 랩으로 여러 겹 덮어준다. 오븐에 넣고 100°C에서 2시간 동안 익힌다. 꺼내서 면포에 거른다. 과육을 누르지 말고 가만히 걸러내어 맑은 즙을 얻는다. 냉장고에 약 1시간 정도 넣어둔다.

크랜베리 콩포트
COMPOTÉE D'AIRELLE

걸러둔 크랜베리 즙 40g과 설탕을 소스팬에 넣고 115°C까지 가열한 뒤 냉동 크랜베리를 넣는다. 포도당 분말과 펙틴, 주석산을 섞어둔다. 크랜베리의 즙이 나오기 시작하고 혼합물의 온도가 따뜻한 상태로 낮아지면 포도당 분말 혼합물을 넣고 섞어준다. 이것을 다시 102°C까지 끓인다. 물에 개어둔 전분을 잘 저어주며 넣는다. 1분간 끓인 뒤 바로 용기에 덜어 식힌 다음 냉동실에 넣어둔다.

플레이팅
DRESSAGE

바닐라 무스를 거품기로 휘핑한 다음 원형 깍지를 끼운 짤주머니에 넣는다. 첫 번째 푀유타주 위에 바닐라 무스를 간격을 떼고 길게 네 줄로 짜 얹는다. 그 사이사이에 크랜베리 콩포트를 마찬가지로 길게 짜 채운다. 다른 두 장의 푀유타주에도 마찬가지 방법으로 무스와 콩포트를 짜준 다음 층층이 쌓아올리고 마지막 푀유타주로 덮어 밀푀유를 완성한다.

블랙커런트 소르베

블랙커런트 소르베
생 야생 블랙커런트 1kg
설탕 210g
블랙커런트 즙 250g
전화당 50g

블랙커런트 즙
냉동 블랙커런트 500g
설탕 80g

블랙커런트 콩포트
블랙커런트 즙 160g
설탕 120g
냉동 블랙커런트 500g
포도당 분말 80g
펙틴 8g
주석산 8g
물 60g
전분 30g

완성 재료
블랙커런트 150g

블랙커런트 소르베
SORBET CASSIS

하루 전날. 블랙커런트와 설탕 200g을 혼합해 상온에서 하루 동안 재운다. 소스팬에 블랙커런트 즙과 전화당을 넣고 따뜻하게 데운다. 나머지 설탕 10g을 넣고 끓인 다음 이 시럽도 하루 동안 숙성시킨다. 두 혼합물을 모두 아이스크림 제조기에 넣고 돌려 소르베를 만든다.

블랙커런트 즙
JUS DE CASSIS

당일. 냉동 블랙커런트와 설탕을 오븐용 용기에 넣고 내열용 주방 랩으로 여러 겹 덮어준다. 100°C의 스팀 오븐이나 끓는 물에 넣어 중탕으로 4시간 동안 익힌다. 깨끗한 행주나 고운 면포에 거른다. 과육을 누르지 말고 가만히 걸러내어 맑은 즙을 얻는다. 냉장고에 넣어둔다.

블랙커런트 콩포트
COMPOTÉE DE CASSIS

걸러둔 블랙커런트 즙 (플레이팅용으로 조금 남겨둔다)과 설탕을 소스팬에 넣고 115°C까지 가열한 뒤 냉동 블랙커런트를 넣는다. 포도당 분말과 펙틴, 주석산을 섞어둔다. 블랙커런트의 즙이 나오기 시작하고 혼합물의 온도가 따뜻한 상태로 식으면 포도당 분말 혼합물을 넣고 섞어준다. 이것을 다시 102°C까지 끓인다. 물에 개어둔 전분을 잘 저어주며 넣는다. 1분간 끓인 뒤 바로 넓은 용기에 덜고 냉장고에 30분간 넣어둔다.

완성하기
MONTAGE

소르베 위에 콩포트를 얹고 크넬 모양으로 말아준다. 신선한 생 블랙커런트와 남겨두었던 블랙커런트 즙을 섞은 뒤 소르베와 곁들여 서빙한다.

준비 : 2 시간

10 인분

조리 : 4 시간

휴지 : 24 시간 + 30 분

준비 : 3 시간 30 분

10 인분

조리 : 40 분

휴지 : 24 시간 + 3 시간

체리 타르틀레트

타르틀레트 시트
파트 쉬크레 590g (p.312 참조)

타라곤 가나슈
가루 젤라틴 4g
물 25g
생크림 (crème liquide) 375g
타라곤 100g
화이트 커버처 초콜릿 (ivoire) 90g
키르슈 10g

체리 마멀레이드
체리 350g
올리브오일 한 바퀴
키르슈 50g
씨를 뺀 그리오트 체리 병조림 (griottes) 125g
전화당 35g
전분 9g
설탕 20g
펙틴 (pectine NH) 4g
라임 제스트 1개분
그리오트 체리 시럽 135g

달걀물
달걀노른자 100g
생크림 (crème liquide) 25g

타라곤 아몬드 크림
아몬드 크림 150g (p.314 참조)
럼 18g
라임 제스트 1개분
잘게 썬 타라곤 10g

완성 재료
레드 코팅
코팅 혼합물 300g (p.317 코팅하기 참조)
식용색소 (빨강) 20g

구운 아몬드 굵게 부순 것 (p.317 참조) 100g
초콜릿으로 만든 줄기 6cm짜리 10개 (p.317 참조)
녹색 펄 파우더

타르틀레트 시트
FONDS DE TARTELETTES

하루 전날. 파트 쉬크레를 만들어 타르틀레트 틀에 앉힌 다음 (p.312 참조), 냉장고에 하루 동안 넣어 표면이 꾸둑해지도록 굳힌다.

타라곤 가나슈
GANACHE ESTRAGON

하루 전날. 젤라틴을 분량의 따뜻한 물에 섞어서 20분 정도 불린다. 소스팬에 생크림 175g과 생 타라곤 잎을 넣고 끓지 않을 정도로 데운다. 녹인 커버처 초콜릿 위에 뜨거운 생크림을 부으면서 잘 혼합한다. 여기에 젤라틴을 넣는다. 나머지 차가운 생크림 200g과 키르슈를 넣고 핸드블렌더로 갈아 유화한 뒤 냉장고에 12시간 넣어둔다.

체리 마멀레이드
MARMELADE DE CERISE

체리의 꼭지를 따고 반으로 자른 뒤 씨를 빼낸다. 반으로 자른 체리 200g을 올리브오일을 달군 팬에 넣고 슬쩍 익힌 다음 키르슈를 붓고 불을 붙여 플랑베한다. 그리오트 체리와 전화당을 넣는다. 전분과 설탕, 펙틴을 혼합한 뒤 팬에 넣고 체리와 잘 섞는다. 2분간 끓인 후 용기에 덜어 식힌다. 반으로 잘라둔 나머지 체리 150g을 다시 반으로 썰어 그레이터에 곱게 간 라임 제스트, 그리오트 체리 시럽과 함께 식은 혼합물에 넣어 잘 섞는다. 완성된 마멀레이드를 지름 3.5cm 크기의 반구형 실리콘 틀에 채운 다음 냉동실에 1시간 넣어 완전히 얼린다. 나머지 마멀레이드는 타르틀레트 마지막 완성 단계용으로 따로 보관한다.

달걀물 입히기
DORURE

오븐을 160°C로 예열한다. 타르틀레트 시트를 오븐에 넣어 20분간 굽는다. 달걀노른자와 생크림을 섞어 달걀물을 만든 다음 초벌구이한 타르틀레트 시트에 붓으로 발라준다. 다시 오븐에 넣어 5분간 굽는다.

타라곤 아몬드 크림
CRÈME AMANDE-ESTRAGON

타라곤 아몬드 크림을 만든 다음 (p.314 참조) 짤주머니에 넣는다. 구워 놓은 타르틀레트 시트에 타라곤 아몬드 크림을 한 켜 채운 뒤 160°C 오븐에 넣어 5분간 더 굽는다. 꺼내서 식힌다.

완성하기
MONTAGE ET FINITIONS

타라곤 가나슈를 짤주머니에 넣고, 지름 4.5cm 크기의 반구형 실리콘 틀에 채워 넣는다. 가운데에 체리 마멀레이드 인서트를 하나씩 넣고 L자 스패출러를 이용해 매끈하게 해준다. 냉동실에 다시 3시간 동안 넣어 얼린다. 틀에서 분리한 후 체리 모양으로 성형한다. 붉은색 코팅 혼합물을 준비한다 (p.317 참조). 반구형 모양을 나무 꼬치로 찍어 혼합물에 담가 코팅한 다음 굳힌다. 이어서 같은 코팅 혼합물을 스프레이건으로 분사해 벨벳 느낌의 표면으로 마무리한다. 타르틀레트 시트에 체리 마멀레이드를 채우고 표면을 매끈하게 해준다. 완성된 체리 반쪽 모양을 타르틀레트 시트 위에 얹고, 잘게 부순 구운 아몬드를 이음새 부분에 빙 둘러 붙여 완성한다. 뜨겁게 달군 쇠꼬챙이로 체리의 가운데를 찔러준다. 초콜릿으로 6cm 길이의 줄기 꼭지 (p.317 참조)를 만든 다음 녹색 펄 파우더를 살짝 뿌린다. 체리마다 중앙에 한 개씩 꽂는다.

TARTELETTES CERISE

체리 타르트

타르트 시트
파트 쉬크레 590g (p.312 참조)
달걀노른자 100g
생크림 (crème liquide) 25g

타라곤 아몬드 크림
아몬드 크림 300g (p.314 참조)
타라곤 25g

크렘 파티시에
우유 90g
생크림 10g
바닐라 빈 1줄기
달걀노른자 20g
설탕 10g
커스터드 분말 5g
밀가루 5g
카카오 버터 6g
가루 젤라틴 10g
물 70g
버터 10g
마스카르포네 10g

타라곤 피스투
타라곤 200g
아몬드 페이스트 30g
꿀 40g
유자즙 25g
올리브오일 150g
잘게 분쇄한 얼음 약간

체리 마멀레이드
체리 (cerise Burlat) 500g
설탕 100g
레몬 즙 50g
아스코르빅산 1g
펙틴 10g

완성 재료
생 체리 150g
올리브오일 한 바퀴
설탕 1꼬집

타르트 시트
FOND DE TARTE

하루 전날. 파트 쉬크레를 만들어 타르트 틀에 앉힌 다음 (p.312 참조), 냉장고에 하루 동안 넣어 표면이 꾸둑해지도록 굳힌다.
당일. 160℃로 예열한 오븐에 타르트 시트를 넣어 20분간 굽는다. 달걀노른자와 생크림을 섞어 달걀물을 만든 다음 초벌구이한 타르트 시트에 붓으로 발라준다. 다시 오븐에 넣어 10분간 굽는다.

타라곤 아몬드 크림
CRÈME AMANDE-ESTRAGON

아몬드 크림을 만든다 (p.314 참조). 타라곤을 씻어 잘게 썬 다음 아몬드 크림에 넣어 섞는다. 타라곤 아몬드 크림을 짤주머니에 넣어 구워 놓은 타르트 시트에 채운 뒤 160℃ 오븐에 넣어 10분간 더 굽는다.

크렘 파티시에
CRÈME PÂTISSIÈRE

레시피 분량대로 크렘 파티시에 크림을 만든다 (p.314 참조). 냉장고에 30분간 넣어 식힌 뒤 짤주머니에 넣고, 타르트 시트의 타라곤 아몬드 크림 층 위에 짜 채워준다.

타라곤 피스투
PISTOU ESTRAGON

타라곤과 아몬드 페이스트, 꿀, 유자즙과 녹색을 유지하기 위한 얼음을 조금 넣고 블렌더에 간다. 올리브오일을 조금씩 넣어주며 비네그레트를 만들듯이 유화하며 혼합한다. 타르트의 크렘 파티시에 층에 군데군데 점을 찍는다.

체리 마멀레이드
MARMELADE DE CERISE

체리의 씨를 빼고 살을 8등분한다. 체리에 설탕 80g, 레몬 즙, 아스코르빅산을 넣고 원하는 농도가 될 때까지 약한 불에서 10분 정도 졸이듯이 익힌다. 나머지 설탕 20g과 펙틴을 섞은 다음 넣어준다. 1분간 끓인 뒤 용기에 덜어 식힌다. 타르트 위에 펴 바른다.

완성하기
MONTAGE ET FINITIONS

체리의 꼭지를 따고 반으로 잘라 씨를 제거한다. 팬에 올리브오일을 달구고 설탕을 한 꼬집 뿌리며 체리를 재빨리 볶는다. 타르트의 마멀레이드 층 위에 보기 좋게 빙 둘러 놓는다.

TARTE CERISE À PARTAGER

준비 : 2 시간

10 인분

조리 : 35 분

휴지 : 24 시간 + 30 분

체리, 비트

생우유 에스플레트 칠리 아이스크림
비멸균 생우유 1리터
에스플레트 칠리 가루 10g
비정제 황설탕 100g
설탕 20g
생크림 (crème fraîche) 160g

그리요트 체리 즙
냉동 그리요트 체리 1kg
설탕 200g

비트 크리스피 튀일
붉은 비트 500g
달걀흰자 125g

브레드 칩
냉동된 빵 200g

설탕 코팅 아몬드
껍질 벗긴 아몬드 250g
물 20g
설탕 40g

키르슈 크렘 파티시에
가루 젤라틴 5g
물 35g
우유 300g
생크림 (crème liquide) 40g
바닐라 빈 2줄기
달걀노른자 60g
설탕 60g
커스터드 분말 15g
밀가루 15g
카카오 버터 20g
버터 40g
마스카르포네 20g
키르슈 35g

체리 마멀레이드
체리 (cerise Burlat) 500g
설탕 100g
레몬 즙 50g
아스코르빅산 1g
펙틴 (pectine NH) 10g

타라곤 피스투
타라곤 200g
아몬드 페이스트 30g
꿀 40g
유자즙 25g
올리브오일 150g
잘게 분쇄한 얼음 약간

체리 카솔레트
체리 500g
올리브오일 한 바퀴
타라곤 15g

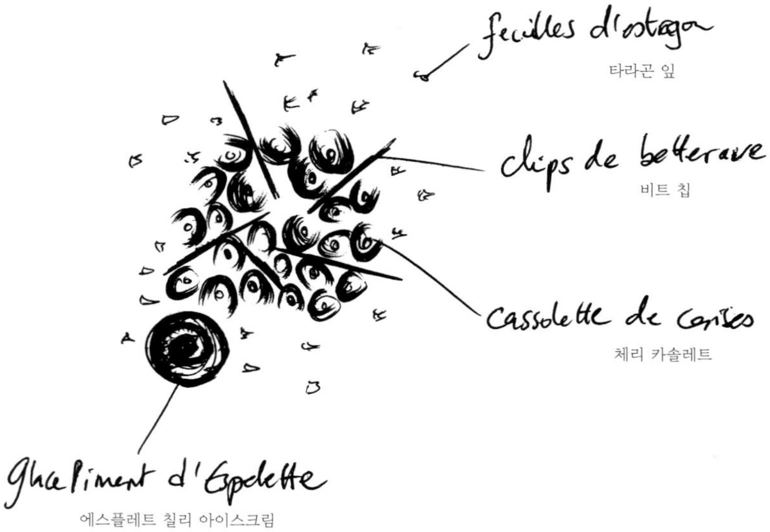

feuilles d'estragon
타라곤 잎

chips de betterave
비트 칩

cassolette de cerises
체리 카솔레트

glace piment d'Espelette
에스플레트 칠리 아이스크림

CERISE BETTERAVE

준비 : 3 시간

10 인분

조리 : 12 시간 + 5 ~ 6 시간

휴지 : 24 시간 + 30 분

체리, 비트

생우유 에스플레트 칠리 아이스크림
GLACE AU LAIT CRU-PIMENT D'ESPELETTE

하루 전날. 우유에 에스플레트 칠리 가루를 넣고 가열한다. 뜨거워지면 설탕을 넣고 1분간 끓인다. 넓은 용기에 덜어내 냉장고에 넣어 식힌다. 식은 뒤 생크림을 넣고 핸드블렌더로 갈아 혼합한다. 냉장고에 하루 동안 넣어둔 다음 아이스크림 제조기에 넣어 돌린다.

그리요트 체리 즙
JUS DE GRIOTTE ET MARINADE

하루 전날. 그리요트 체리를 해동한 다음 용기에 넣고 설탕과 섞는다. 내열용 주방 랩으로 씌운 뒤 95°C 컨벡션 오븐에 12시간 동안 넣어 익힌다. 당일. 채반에 면포를 깔고 그 위로 체리를 부어 거른다. 누르지 말고 맑은 즙만 받아낸다.

비트 크리스피 튀일
PAPIER DE BETTERAVE

오븐을 80°C로 예열한다. 주서기에 비트를 넣고 착즙한 뒤 살만 덜어낸다. 수분이 빠진 비트 살과 달걀흰자를 블렌더에 넣고 강한 세기로 균일하고 곱게 갈아준다. 혼합물을 두 장의 투명 전사지 사이에 넣고 파티스리용 밀대를 사용해 두께 2mm로 얇게 밀어준다. 오븐에 넣어 3~4시간 동안 건조시킨다.

브레드 칩
CHIPS DE PAIN

냉동된 빵은 사용하기 몇 분 전에 꺼내둔다. 햄 슬라이서나 만돌린 슬라이서를 사용해 얇게 썬다. 반 자른 홈통처럼 생긴 튀일 틀에 버터나 기름을 살짝 바른 뒤 빵을 넣고 80°C 오븐에서 최소 2시간 이상 건조시킨다.

설탕 코팅 아몬드
AMANDES SABLÉES

오븐을 150°C로 예열한다. 아몬드를 두 쪽으로 갈라 오븐에서 15분간 건조시킨다. 물과 설탕을 120°C까지 끓여 시럽을 만든 다음 뜨거운 아몬드 위에 부어 섞는다. 골고루 섞으며 모래와 같은 질감으로 설탕 시럽이 굳도록 한다. 플레이팅용으로 조금 덜어내 굵게 다져둔다.

CERISE BETTERAVE

키르슈 크렘 파티시에

CRÈME PÂTISSIÈRE KIRSCH

레시피 분량대로 크렘 파티시에를 만든다 (p.314 참조). 냉장고에 30분간 넣어 식힌 뒤 키르슈를 넣고 거품기로 잘 저어 섞는다.

체리 마멀레이드

MARMELADE DE CERISE

체리의 씨를 빼고 살을 8등분한다. 체리에 설탕 80g, 레몬 즙, 아스코르빅산을 넣고 약한 불에서 10분 정도 조리듯이 익힌다. 나머지 설탕 20g과 펙틴을 섞은 다음 넣어준다. 1분간 끓인 뒤 용기에 덜어 식힌다.

타라곤 피스투

PISTOU ESTRAGON

타라곤과 아몬드 페이스트, 꿀, 유자즙을 강한 세기의 블렌더로 간다. 얼음을 조금 넣고 매끈하게 갈아준다. 올리브오일을 조금씩 넣어주며 비네그레트를 만들듯이 유화하며 혼합한다.

셰프의 팁

얼음을 넣으면 녹색 식물의 클로로필을 고착시켜 선명한 색을 유지할 수 있다.

체리 카솔레트

CASSOLETTE DE CERISES

체리의 꼭지를 따고 반으로 잘라 씨를 제거한다. 팬에 올리브오일을 달군 뒤 잘게 다진 타라곤과 함께 체리를 재빨리 볶아준다.

완성하기

MONTAGE ET FINITIONS

접시 맨 밑에 키르슈 크렘 파티시에와 체리 마멀레이드를 놓는다. 설탕 코팅 아몬드를 놓고 크넬 모양의 에스플레트 칠리 아이스크림을 얹은 다음 체리 카솔레트를 놓는다. 브레드 칩 조각과 비트 튀일을 보기 좋게 꽂고 타라곤 피스투를 마멀레이드 위에 점점이 골고루 찍어준다.
따뜻한 그리요트 체리 즙을 따로 서빙한다.

딸기 바슈랭

딸기즙
냉동 딸기 500g
설탕 20g
올리브오일

딸기 소르베
생 딸기 1kg
설탕 200g

머랭 튀일
달걀흰자 200g
설탕 200g
슈거파우더 200g

딸기 콩피
설탕 300g
냉동 딸기 500g
잘 익은 생 딸기 (fraise Ciflorette) 500g
포도당 분말 100g
펙틴 6g
주석산 6g

딸기 샹티이
생크림 500g
딸기 파우더 10g

완성 재료
신선한 생 딸기 250g

셰프의 팁
각 재료의 온도를 최적의 상태로 맞추어야 성공적인 플레이팅을 할 수 있다.

딸기즙
JUS DE FRAISE

하루 전날. 딸기즙을 만들어둔다 (p.315 참조).

딸기 소르베
SORBET FRAISE

하루 전날. 자르지 않은 생 딸기와 설탕을 혼합해 약간 따뜻한 장소에서 하루 동안 재운다. 당일. 핸드블렌더로 갈아 혼합한 다음 아이스크림 제조기에 돌려 소르베를 만든다.

머랭 튀일
MERINGUE TUILE

오븐을 70℃로 예열한다. 프렌치 머랭을 만든다 (p.314 참조). 머랭을 스패출러로 유산지 위에 얇게 펴 3cm x 20cm 크기의 긴 띠 모양을 만든다. 필요한 경우, 칼끝이나 나무 꼬치로 머랭에 자국을 내어 원하는 길이를 분할 표시해준다. 오븐에 넣어 약 2시간 동안 건조시킨다.

딸기 콩피
CONFITURE DE FRAISE

딸기즙을 체에 거른 다음 그중 150g을 설탕과 함께 소스팬에 넣고 115℃까지 가열한다. 냉동 딸기와 생 딸기를 넣는다. 포도당 분말에 펙틴, 주석산을 넣어 섞어둔다. 딸기에서 즙이 나오기 시작하고 온도가 따뜻한 정도로 낮아지면 포도당 분말 혼합물을 넣어 섞고 104℃까지 가열한다. 넓은 용기에 덜어 즉시 식힌다. 냉장고에 보관한다.

딸기 샹티이
CHANTILLY FRAISE

딸기즙 150g을 졸인 다음 생크림과 딸기 파우더를 넣고 블렌더로 30초간 갈아 혼합한다.

완성하기
MONTAGE ET FINITIONS

딸기를 동그랗게 슬라이스해 꽃 모양으로 빙 둘러 놓는다. 남은 딸기즙을 서빙 바로 전에 올리브오일과 섞어 접시에 뿌린다. 테이블 스푼으로 딸기 소르베를 돌돌 말아 떠서 접시에 놓는다. 시럽에 조린 딸기 콩피를 뾰족하게 놓고 지름 2cm 원형 깍지를 끼운 짤주머니를 사용해 샹티이 크림을 원뿔형으로 짜준다. 머랭 튀일을 보기 좋게 몇 장 붙여 완성한다.

준비 : 1 시간

8 인분

조리 : 2 시간

휴지 : 24 시간

준비 : 3 시간 30 분

10 인분

조리 : 35 분

휴지 : 24 시간 + 4 시간

딸기 타르틀레트

타르틀레트 시트
파트 쉬크레 590g (p.312 참조)

바질 가나슈
가루 젤라틴 5g
물 35g
생크림 (crème liquide) 375g
바질 100g
화이트 커버처 초콜릿 (ivoire) 90g
에스플레트 칠리 가루 0.5g

딸기 즐레
딸기즙 300g (p.315 참조)
설탕 12.5g
펙틴 (pectine NH) 6g

딸기 콩포트 인서트
생 딸기 400g
바질 20g

달걀물
생크림 (crème liquide) 25g
달걀노른자 100g

딸기 아몬드 크림
아몬드 크림 150g (p.314 참조)
동그랗게 썬 딸기 100g

완성하기
붉은색 코팅
코팅 혼합물 300g (p.317 코팅하기 참조)
지용성 식용색소 (빨강) 12g

붉은색 전분 글라사주
글라사주 혼합물 300g (p.317 glaçage 참조)
수용성 식용색소 (스트로베리 레드) 20g
이산화티탄 10g

통깨 약간

TARTELETTES FRAISE

딸기 타르틀레트

타르틀레트 시트
FONDS DE TARTELETTES

하루 전날. 파트 쉬크레를 만들어 타르틀레트 틀에 앉힌 다음 (p.312 참조), 냉장고에 하루 동안 넣어 표면이 꾸둑해지도록 굳힌다.

바질 가나슈
GANACHE BASILIC

하루 전날. 젤라틴을 분량의 따뜻한 물에 섞어서 20분 정도 불린다. 생크림 85g에 바질 잎을 넣고 끓지 않을 정도로 뜨겁게 데운 후 젤라틴을 넣고 섞는다. 이것을 잘게 썬 다진 커버처 초콜릿 위에 부으면서 잘 혼합한다. 여기에 나머지 차가운 생크림과 에스플레트 칠리 가루를 넣고 핸드블렌더로 갈아 유화한다. 냉장고에 12시간 넣어둔다.

딸기 즐레
GELÉE DE FRAISE

딸기즙을 데운다. 펙틴과 섞은 설탕을 딸기즙에 뿌려 넣으며 거품기로 잘 저어준다. 끓기 시작하면 불을 줄이고 2분간 약하게 끓인다. 넓은 그릇에 펴 담고 냉장고에 넣어 재빨리 식힌다. 완전히 식으면 공기가 너무 많이 주입되지 않도록 주의하면서 핸드블렌더로 갈아 혼합한다.

딸기 콩포트 인서트
INSERT COMPOTÉE DE FRAISE

거품기로 딸기를 굵직하게 으깬 다음 체에 거른다. 거른 건더기를 딸기 즐레에 넣고 핸드블렌더로 갈아 혼합한 다음 잘게 썬 바질 잎을 넣어 섞는다. 지름 3.5cm 크기의 반구형 실리콘 틀에 채운 뒤 냉동실에 1시간 넣어두어 완전히 얼린다.

달걀물 입히기
DORURE

당일. 160℃로 예열한 오븐에 타르틀레트 시트를 넣어 20분간 굽는다. 달걀노른자와 생크림을 섞어 달걀물을 만든 다음 초벌구이한 타르틀레트 시트에 붓으로 발라준다. 다시 오븐에 넣어 노릇한 색이 나도록 5분간 굽는다.

딸기 아몬드 크림
CRÈME AMANDE-FRAISE

아몬드 크림을 만든 다음 (p.314 참조) 짤주머니에 넣는다. 구워 놓은 타르틀레트 시트에 아몬드 크림을 채운 뒤 동그랗게 슬라이스한 딸기를 얹는다. 160℃ 오븐에 넣어 5분간 더 굽는다. 꺼내서 식힌다.

TARTELETTES FRAISE

완성하기

MONTAGE ET FINITIONS

차가운 믹싱볼에 바질 가나슈를 넣고 거품기로 휘핑한 다음 지름 4.5cm 크기의 반구형 실리콘 틀에 채워 넣는다. 얼려둔 딸기 콩포트 인서트를 중앙에 한 개씩 넣고 매끈하게 마무리한 다음 냉동실에 다시 3시간 넣어둔다. 반구형 모양이 얼면 틀에서 분리한 다음 가나슈를 뾰족하게 더 얹어 딸기 모양으로 성형한다. 붉은색 코팅 혼합물과 붉은색 전분 글라사주를 만든 다음 (p.317 참조), 순서대로 딸기 모양을 담가 두 번 코팅을 입힌다. 통깨를 표면에 군데군데 붙여 딸기씨를 표현한다. 반구형의 딸기 모형을 타르틀레트 시트 위에 얹어 완성한다.

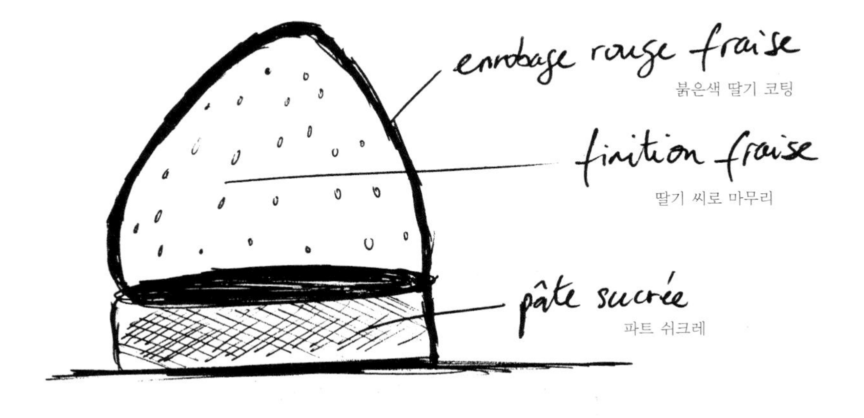

준비 : 2 시간

8 ~ 10 인분

조리 : 45 분

휴지 : 24 시간 + 30 분

딸기 바질 타르트

타르트 시트
파트 쉬크레 590g (p.312 참조)

달걀물
달걀노른자 100g
생크림 (crème liquide) 25g

딸기 아몬드 크림
아몬드 크림 300g (p.314 참조)
얇고 동그랗게 썬 딸기 50g

딸기 콩피
딸기즙 15g (p.315 딸기즙 참조)
설탕 30g
잘 익은 생 딸기 (fraise Ciflorette) 150g
포도당 분말 10g
펙틴 6g
주석산 6g

크렘 파티시에
우유 300g
생크림 (crème liquide) 35g
바닐라 빈 1줄기
달걀노른자 60g
설탕 35g
커스터드 분말 18g
밀가루 18g
카카오 버터 20g
젤라틴 16g
물 72g
버터 40g
마스카르포네 20g

바질 피스투
바질 125g
아몬드 페이스트 15g
올리브오일 75g
꿀 20g
유자즙 14g
잘게 분쇄한 얼음 약간

완성 재료
신선한 생 딸기 180g
올리브오일 10g

타르트 시트
FOND DE TARTE

하루 전날. 파트 쉬크레를 만들어 타르트 틀에 앉힌 다음 (p.312 참조), 냉장고에 하루 동안 넣어 표면이 꾸둑해지도록 굳힌다.
당일. 타르트 시트를 160℃로 예열한 오븐에 넣어 25분간 굽는다.

달걀물 입히기
DORURE

달걀노른자와 생크림을 섞어 달걀물을 만든 다음 초벌구이한 타르트 시트에 붓으로 발라준다. 다시 오븐에 넣어 노릇해질 때까지 10분간 굽는다.

딸기 아몬드 크림
CRÈME AMANDE-FRAISE

아몬드 크림을 만든 다음 (p.314 참조) 짤주머니에 넣는다. 노릇하게 구운 타르트틀레트 시트에 아몬드 크림을 채우고 동그랗게 슬라이스한 딸기를 얹는다. 160℃ 오븐에 넣어 10분간 더 굽는다. 꺼내서 식힌다.

딸기 콩피
CONFITURE DE FRAISE

소스팬에 딸기즙과 설탕을 넣고 115℃까지 가열한 다음 꼭지를 딴 생 딸기를 자르지 않고 그대로 넣는다. 딸기에서 즙이 나오기 시작하고 온도가 따뜻한 상태가 되면 펙틴, 주석산과 혼합한 포도당 분말을 넣어 섞고 104℃까지 가열한다. 넓은 용기에 덜어 즉시 식힌다. 냉장고에 보관한다.

크렘 파티시에
CRÈME PÂTISSIÈRE

레시피 분량대로 크렘 파티시에 크림을 만든다 (p.314 참조). 냉장고에 30분간 넣어둔다.

바질 피스투
PISTOU BASILIC

재료를 모두 블렌더에 넣고 빠른 속도로 재빨리 갈아준다. 얼음을 조금 넣고 함께 갈아 바질의 녹색을 선명하게 유지한다.

완성하기
MONTAGE ET FINITIONS

타르트 시트가 식으면 크렘 파티시에와 딸기 콩피를 순서대로 채워 넣는다. 그 위에 바질 피스투를 군데군데 고루 얹어준다. 동그랗게 슬라이스한 생 딸기와 올리브오일을 볼에 넣고 살살 섞어준다. 타르트 위에 딸기를 보기 좋게 빙 둘러 얹는다. 상온으로 서빙한다.

TARTE FRAISE BASILIC

프레지에

바닐라 무스

가루 젤라틴 6g
물 42g
생크림 (crème liquide) 775g
바닐라 빈 3줄기
화이트 커버처 초콜릿 (ivoire) 172g

딸기 콩피

딸기즙 75g (p.315 딸기즙 참조)
설탕 150g
냉동 딸기 250g
잘 익은 생 딸기 (fraise Ciflorette) 250g
포도당 분말 50g
펙틴 3g
주석산 3g

레이디핑거 비스퀴

달걀노른자 140g
달걀흰자 210g
설탕 185g
밀가루 185g
슈거파우더

레드 분사코팅

분사코팅 혼합물 200g (p.317 코팅하기 참조)
지용성 식용색소 (빨강) 20g

완성 재료

생 딸기 (Ciflorette) 300g
라임 제스트 1개분
무색 나파주 (napage neutre) 50g
식용 금박

셰프의 팁

프레지에를 너무 오래 냉동실에 두지 않도록 주의한다. 바닐라 무스가 굳을 정도면 충분하다. 특히 딸기는 절대로 얼지 않아야 한다.

바닐라 무스
MOUSSE VANILLE

하루 전날. 젤라틴을 분량의 따뜻한 물에 섞어서 20분 정도 불린다. 생크림 분량의 1/3을 뜨겁게 데운 뒤, 길게 갈라 긁은 바닐라 빈을 줄기와 함께 넣고 30분 정도 향을 우려낸다. 체에 거른 다음 물을 꼭 짠 젤라틴을 넣어 섞고, 잘게 다진 커버처 초콜릿 위로 부으면서 잘 저어 혼합한다. 나머지 분량의 차가운 생크림을 모두 넣고 핸드블렌더로 갈아 유화한다. 냉장고에 최소 12시간 이상 넣어둔다.

딸기 콩피
CONFITURE DE FRAISE

당일. 소스팬에 딸기즙과 설탕을 넣고 115°C까지 가열한 다음 냉동 딸기와 꼭지를 딴 생 딸기를 자르지 않고 그대로 넣는다. 딸기에서 즙이 나오기 시작하고 온도가 따뜻한 상태가 되면 펙틴, 주석산과 혼합한 포도당 분말을 넣어 섞고 104°C까지 가열한다. 넓은 용기에 덜어 즉시 식힌다. 냉장고에 보관한다.

레이디핑거 비스퀴
BISCUIT À LA CUILLÈRE

컨벡션 오븐을 180°C로 예열한다. 믹싱볼에 달걀노른자를 넣고 저어 거품을 낸 뒤 덜어놓는다. 달걀흰자를 저어 거품을 내고, 설탕을 넣어가며 단단하게 거품을 올린다. 여기에 거품 낸 달걀노른자를 넣고 실리콘 주걱으로 섞은 다음, 체에 친 밀가루를 넣고 섞는다. 원형 깍지 (18호)를 끼운 짤주머니에 채운다. 유산지를 깐 베이킹 팬 위에 지름 14cm 무스링을 놓고 바닥에 혼합물을 한 켜로 짜 넣는다. 슈거파우더를 솔솔 뿌린 뒤 오븐에 넣어 10~12분간 굽는다.

완성하기
MONTAGE ET FINITIONS

딸기의 꼭지를 따고 반으로 자른다. 차가운 믹싱볼에 바닐라 무스를 넣고 거품기로 휘핑한다. 지름 16cm, 높이 4.5cm 크기의 무스링 안쪽 벽에 투명 띠지를 대준다. 원반형으로 구운 레이디핑거 비스퀴를 맨 밑에 깔고 가장자리에 휘핑한 바닐라 무스를 둘러 짜준다. 비스퀴 위에 딸기 콩피를 펴 놓은 다음, 테두리 바닐라 무스를 1cm 정도 남겨두고 중앙에 반으로 자른 딸기를 놓는다. 마이크로플레인® 그레이터로 라임 껍질을 갈아 딸기 위에 뿌린 다음, 바닐라 무스로 덮고 표면을 스패출러로 매끈하게 해준다. 냉동실에 20분간 넣어둔다. 조심스럽게 무스링을 제거하고, 손으로 가장자리를 깔끔하게 정리한다. 분사 코팅용 혼합물을 만들어 (p.317 참조), 스프레이건으로 분사해 벨벳과 같은 질감으로 코팅한다. 따뜻한 온도의 무색 나파주를 분사해 얇게 코팅한 다음 신선한 생 딸기와 금박으로 장식한다.

준비 : 1 시간

8 인분

조리 : 20 분

휴지 : 12 시간 + 50 분

라즈베리 타르트

타르트 시트
파트 쉬크레 590g (p.312 참조)

달걀물
달걀노른자 100g
생크림 (crème liquide) 25g

라즈베리 아몬드 크림
아몬드 크림 300g (p.314 참조)
럼 9g
라즈베리 40g
올리브오일 30ml

크렘 파티시에
우유 300g
생크림 (crème liquide) 35g
바닐라 빈 1줄기
달걀노른자 60g
설탕 35g
커스터드 분말 18g
밀가루 18g
카카오 버터 20g
가루 젤라틴 16g
물 72g
버터 40g
마스카르포네 20g

완성 재료
라즈베리 페팽 100g (p.315 참조)
신선한 생 라즈베리 180g
올리브오일 30ml

타르트 시트
FOND DE TARTE

하루 전날. 파트 쉬크레를 만들어 타르트 틀에 앉힌 다음 (p.312 참조), 냉장고에 하루 동안 넣어 표면이 꾸둑해지도록 굳힌다.
당일. 타르트 시트를 160°C로 예열한 오븐에 넣어 25분간 굽는다.

달걀물 입히기
DORURE

달걀노른자와 생크림을 섞어 달걀물을 만든 다음 초벌구이한 타르트 시트에 붓으로 발라준다. 다시 오븐에 넣어 노릇한 색이 날 때까지 10분간 굽는다.

라즈베리 아몬드 크림
CRÈME AMANDE-FRAMBOISES

아몬드 크림을 만든 다음 (p.314 참조) 짤주머니에 넣는다. 구워 놓은 타르틀레트 시트에 아몬드 크림을 채운 뒤 생 라즈베리를 얹는다. 160°C 오븐에 넣어 10분간 더 굽는다. 꺼내서 올리브오일을 뿌린 뒤 식힌다.

크렘 파티시에
CRÈME PÂTISSIÈRE

레시피 분량대로 크렘 파티시에를 만든다 (p.314 참조). 냉장고에 30분간 넣어 식힌다.
타르트 시트의 라즈베리 층 위에 차가운 크렘 파티시에를 채워 넣는다.

완성하기
MONTAGE ET FINITIONS

라즈베리 페팽을 만들어 (p.315 참조) 타르트의 크렘 파티시에 층 위에 펴 바른다. 생 라즈베리를 반으로 잘라 타르트 위에 보기 좋게 빙 둘러 얹는다. 올리브오일을 한 번 둘러준다. 상온으로 서빙한다.

준비 : 2 시간

8 ~ 10 인분

조리 : 45 분

휴지 : 24 시간

라즈베리 타임 생토노레

퓌유타주

뵈르 마니에 (beurre manié)

퓌유타주 밀어접기용 버터 (beurre de tourage) 670g
밀가루 (farine de gruau) 270g

데트랑프 (détrempe)

물 260g
소금 25g
흰 식초 6g
상온의 부드러운 버터 200g
밀가루 (farine de gruau) 630g

타임 아몬드 크림

아몬드 크림 240g (p.314 참조)
럼 8g
라즈베리 20g
잘게 다진 타임 10g

라즈베리 휘핑 크림

생크림 (crème liquide) 500g
마스카르포네 50g
설탕 17.5g
라즈베리 즙 20g (p.315 참조)

프티 슈

슈 반죽 (pâte à choux) 400g (p.312 참조)

붉은색 크럼블

버터 100g
밀가루 125g
비정제 황설탕 125g
지용성 식용색소 (빨강) 5g

타임 페스토

타임 100g
올리브오일 30g
고운 소금 2g
후추 1g
레몬 즙 20g

라즈베리 크렘 파티시에

가루 젤라틴 6g
물 41g
달걀노른자 90g
설탕 90g
커스터드 분말 25g
밀가루 25g
라즈베리 즙 500g (p.315 참조)
카카오 버터 30g
올리브오일 (Casanova®) 90g

타임 슈거 코팅

이소말트 500g
타임 50g

완성하기

동그랗고 도톰하게 썬 생 라즈베리 200g

SAINT-HONORÉ FRAMBOISE THYM

준비 : 3 시간

8 인분

조리 : 1 시간

휴지 : 24 시간 + 2 시간 30 분

라즈베리 타임 생토노레

퍼유타주
FEUILLETAGE

하루 전날. 생토노레 용 퍼유타주를 만들어 (p.313 참조) 냉장고에서 24시간 휴지시킨다.
당일. 반죽을 레시피에 알맞은 크기로 잘라 굽는다 (p.313 참조).

타임 아몬드 크림
CRÈME AMANDE-THYM

아몬드 크림을 만든 다음 (p.314 참조) 타임 잎을 잘게 다져 섞어준다. 짤주머니에 채우고 냉장고에 30분간 넣어둔다. 컨벡션 오븐을 170°C로 예열한다. 파트 퍼유테 시트에 타임 아몬드 크림을 얇게 짜 놓은 다음 작게 자른 라즈베리를 얹어 놓는다. 오븐에 넣어 5분간 굽는다.

라즈베리 휘핑 크림
CRÈME MONTÉE FRAMBOISE

생크림과 마스카르포네, 설탕, 라즈베리 즙을 섞은 뒤 핸드블렌더로 갈아 냉장고에 1시간 넣어둔다.

프티 슈
PETITS CHOUX

생토노레용 슈 반죽을 만들어 (p.312 참조) 베이킹 팬에 프티 슈를 짜 놓는다.

레드 크럼블
CRUMBLE ROUGE

전동 스탠드 믹서 볼에 버터와 밀가루, 황설탕, 식용색소를 넣고 플랫비터로 균일하게 혼합한다. 반죽에 끈기가 생기지 않도록 너무 오래 치대지 않는다. 반죽을 꺼내 두 장의 유산지 사이에 넣고 2mm 두께로 얇게 민다. 냉동실에 15분간 넣어 두었다가 꺼낸 뒤 지름 2cm짜리 원형 커터로 찍어낸다. 컨벡션 오븐을 180°C로 예열한다. 지름 2cm로 잘라둔 동그란 크럼블을 각각 하나씩 슈에 얹고 오븐에 넣어 10분간 굽는다. 오븐의 온도를 160°C로 낮춘 뒤 5분간 더 구워낸다.

라즈베리 크렘 파티시에
CRÈME PÂTISSIÈRE FRAMBOISE

젤라틴을 분량의 따뜻한 물에 섞어서 20분 정도 불린다. 볼에 달걀노른자와 설탕, 커스터드 분말, 밀가루를 넣고 색깔이 연해질 때까지 거품기로 혼합한다. 라즈베리 즙을 끓인 뒤에 혼합물에 부어 섞고 다시 모두 냄비로 옮겨 2분간 끓인다. 불에서 내린 다음 카카오 버터를 넣어 섞고 이어서 물을 꼭 짠 젤라틴을 넣어준다. 핸드블렌더로 갈아 혼합한다. 전동 스탠드 믹서 볼에 넣고 플랫비터로 돌려 매끈하게 풀어준 다음, 올리브오일을 넣어 섞는다. 냉장고에 30분간 넣어둔다.

타임 페스토
PESTO THYM

깊은 용기에 재료를 모두 넣고 핸드블렌더로 갈아 혼합한다. 수비드용 비닐팩에 넣어둔다.

SAINT-HONORÉ FRAMBOISE THYM

타임 슈거 코팅

SUCRE THYM

소스팬에 이소말트를 넣고 가열한다. 온도가 170℃에 이르면 타임을 넣고 가열을 중단한다. 여기에 슈를 담가 윗면을 코팅한다. 지름 2.5cm의 반구형 틀 안에 코팅한 슈를 하나씩 거꾸로 넣고 설탕 표면이 굳도록 몇 분간 둔다. 틀에서 꺼낸다.

완성하기

MONTAGE ET FINITIONS

퓌유타주 시트에 라즈베리 크렘 파티시에를 짜 놓은 다음 그 위에 타임 페스토로 군데군데 점을 찍어준다. 작은 원형 깍지를 끼운 짤주머니를 이용해 약간의 타임 페스토와 라즈베리 크렘 파티시에를 프티 슈 밑면으로 넣어 채운다. 슈를 퓌유타주 시트의 크림 가장자리에 빙 둘러 놓고, 동그랗게 자른 라즈베리로 크림 층 전체를 덮어준다. 라즈베리 크림을 거품기로 휘핑해 샹티이를 만든 다음 생토노레 전용 깍지 (20호)를 끼운 짤주머니에 채워 넣는다. 라즈베리 위에 보기 좋게 짜 얹고 중앙의 맨 꼭대기에 마지막 슈를 하나 올려 완성한다.

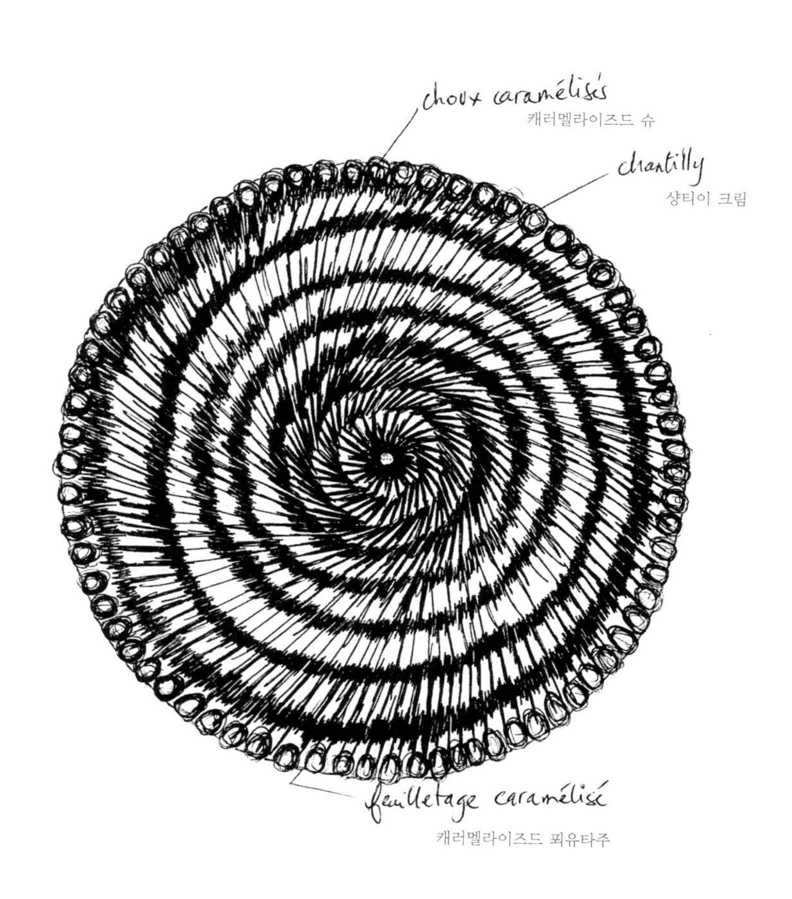

준비 : 1 시간 30 분

10 인분

조리 : 20 분

휴지 : 12 시간 + 5 시간 30 분

브리오슈 퓌유테

브리오슈 반죽

밀가루 510g
소금 10g
설탕 40g
이스트 20g
우유 150g
달걀 150g
상온의 포마드 버터 50g
퓌유타주 밀어접기용 버터 300g

라즈베리 페팽

냉동 라즈베리 250g
설탕 150g
펙틴 5g
레몬 즙 10g
가루 젤라틴 2g
물 14g

브리오슈 반죽
PÂTE À BRIOCHE

하루 전날. 전동 스탠드 믹서 볼에 밀가루, 소금, 설탕, 이스트, 우유, 달걀, 상온의 버터를 넣고 도우훅으로 반죽한다. 반죽이 균일하고 매끈하게 혼합되면 꺼내서 냉장고에 넣어 12시간 동안 휴지시킨다.

당일. 차가운 반죽을 큰 직사각형 모양으로 민다. 밀어접기용 버터 덩어리를 밀대로 두드려 반죽 길이의 반 크기로 넓적하게 만든다. 버터를 반죽 가운데 놓고 양쪽 끝을 가운데로 접어 버터를 완전히 감싸 밀봉한 다음 밀대로 다시 길게 민다. 반죽을 세 겹으로 접은 뒤 냉장고에 넣어 2시간 동안 휴지시킨다. 같은 방법으로 두 번 더 반복해 총 3회의 3절 밀어접기 과정을 마친다. 중간중간 휴지하는 시간도 동일하게 준수한다. 마지막 밀어접기를 마친 후 냉장고에 넣어 1시간 동안 휴지시킨다. 반죽을 3.5mm 두께로 밀고 6 x 12cm 크기의 직사각형 10개를 잘라낸다. 이 직사각형을 다시 2 x 9cm 크기의 3개의 긴 띠로 자른다. 세 갈래로 땋고 돌돌 말아 공처럼 만든다. 지름 8cm 크기의 무스링을 베이킹 팬 위에 놓고 여기에 공처럼 말아 놓은 반죽을 각각 넣어준다. 따뜻한 곳에 30분 정도 두어 발효시킨다. 오븐을 170°C로 예열한다. 반죽이 충분히 부풀면 오븐에 넣고 노릇한 색이 날 때까지 20분간 굽는다.

라즈베리 페팽
FRAMBOISE PÉPINS

레시피 분량대로 라즈베리 페팽을 만든다 (p.315 참조). 깍지를 끼우지 않은 짤주머니에 채워 넣는다. 브리오슈의 밑면에 구멍을 뚫고 짤주머니로 라즈베리 페팽을 채운다.

붉은색, 검은색 과일

BRIOCHES FEUILLETÉES

준비 : 2 시간

조리 : 25 분

휴지 : 12 시간 + 50 분

8 인분

프랑부아지에

꿀 무스
가루 젤라틴 6g
물 42g
생크림 (crème liquide) 775g
화이트 커버처 초콜릿 (ivoire) 172g
꿀 (miel Béton) 140g

라즈베리 스펀지 비스퀴
아몬드 페이스트 (Lubeca®) 50g
생크림 25g
달걀 100g
설탕 100g
밀가루 (T45) 100g
휘핑한 생크림 125g (p.314 참조)
생 라즈베리 200g

완성 재료
생 라즈베리 300g
라즈베리 페팽 150g (p.315 참조)
타임 파우더

레드 분사코팅
분사코팅 혼합물 200g (p.317 참조)
지용성 식용색소 (라즈베리 레드) 20g
무색 나파주 50g

꿀 무스
MOUSSE MIEL

하루 전날. 젤라틴을 분량의 따뜻한 물에 섞어서 20분 정도 불린다. 생크림 분량의 1/3을 뜨겁게 데운 뒤 잘게 다진 커버처 초콜릿 위로 부으면서 잘 저어 혼합한다. 체에 거른 다음 물을 꼭 짠 젤라틴과 꿀을 넣어 섞는다. 나머지 분량의 차가운 생크림을 모두 넣고 핸드블렌더로 갈아 유화한다. 냉장고에 12시간 넣어둔다.

라즈베리 스펀지 비스퀴
BISCUIT MOELLEUX FRAMBOISE

당일. 컨벡션 오븐을 180℃로 예열한다. 아몬드 페이스트와 생크림을 매끈하게 혼합한 다음 달걀과 설탕을 넣어 섞는다. 거품기로 휘핑해, 혼합물을 주걱으로 떠올렸을 때 리본처럼 떨어지는 농도가 되도록 한다. 이어서 밀가루를 넣고 섞은 다음, 마지막으로 휘핑한 생크림을 넣고 실리콘 주걱으로 살살 혼합한다. 지름 16cm짜리 무스링 안쪽에 버터를 바르고 유산지를 깐 베이킹 팬 위에 놓는다. 무스링 안에 스펀지 혼합물을 붓고 라즈베리를 얹는다. 오븐에 넣어 25분간 굽는다.

완성하기
MONTAGE ET FINITIONS

차가운 믹싱볼에 꿀 무스를 넣고 거품기로 휘핑한 다음 짤주머니에 채워 넣는다.
생 라즈베리를 반으로 자른다. 지름 16cm, 높이 4.5cm짜리 무스링 안쪽 벽에 투명 띠지를 대준다. 맨 밑에 스펀지 비스퀴 시트를 깔고 가장자리로 꿀 무스를 빙 둘러 짜준다. 작은 스패출러로 매끈하게 밀어 공기를 빼준다. 스펀지 시트 위에 라즈베리 페팽을 (p.315 참조) 펴 놓은 다음, 반으로 자른 라즈베리로 꽉 차게 덮어준다. 타임 파우더를 솔솔 뿌리고 꿀 무스로 덮어준다. 스패출러로 매끈하게 표면을 정리한 다음 냉동실에 20분간 넣어둔다. 조심스럽게 틀을 제거한 뒤 손으로 가장자리를 매끈하게 다듬어준다. 생토노레 전용 깍지를 끼운 짤주머니로 꿀 무스를 섬세하게 짜서 표면 전체를 덮어준다. 다시 냉동실에 30분간 넣어둔다. 붉은색 분사코팅 혼합물을 만들고 (p.317 참조), 35℃가 되면 스프레이건으로 분사해 프랑부아지에 표면을 벨벳 같은 질감으로 코팅한다. 그 위에 역시 35℃의 무색 나파주를 분사해 물기를 머금은 듯 촉촉한 효과를 낸다.

레드커런트 프렌치 토스트

붉은색, 검은색 과일

브리오슈
밀가루 (farine de gruau) 500g
소금 9g
설탕 75g
이스트 27.5g
액상 바닐라 에센스 6g
바닐라 가루 25g
달걀 325g
바닐라 버터 (beurre à la vanille Bordier®) 400g
달걀 푼 것 1개분

캐러멜 소스
생크림 250g
바닐라 빈 2줄기
설탕 250g

프렌치 토스트 담금 혼합물
바닐라 생우유 650g
생크림 (crème liquide) 100g
달걀 200g
설탕 50g
버터 50g
포도씨유 50g

완성 재료
신선한 생 레드커런트 250g

브리오슈
BRIOCHE

하루 전날. 전동 스탠드 믹서 볼에 밀가루, 소금, 설탕, 이스트, 액상 바닐라 에센스, 바닐라 가루, 달걀을 넣고 도우훅으로 반죽한다. 느린 속도(1)로 5분간 반죽한 다음 중간 속도(2)로 올린다. 반죽이 더 이상 믹싱볼 벽에 달라붙지 않은 정도로 매끈해지면 차가운 버터를 세 번에 나누어 넣으며 혼합한다. 다시 반죽이 벽에 달라붙지 않을 정도로 균일하고 매끈해지면 꺼내서 기름을 바른 볼에 덜어 상온에서 1시간 30분동안 1차 발효시킨다. 반죽의 가장자리를 가운데로 모아가며 뭉쳐 눌러 공기를 뺀 다음 (1차 발효 후의 펀칭), 냉장고에 12시간 보관한다. 당일. 식빵 틀에 브리오슈 반죽 300g을 넣고, 끓는 물이 담긴 냄비와 함께 켜지 않은 오븐에 30분간 넣어두거나 따뜻한 라디에이터 위에 올려둔다. 오븐을 180℃로 예열한다. 달걀물을 풀어 브리오슈에 붓으로 발라준 다음 오븐에 넣어 45분간 굽는다.

캐러멜 소스
SAUCE CARAMEL

생크림을 뜨겁게 데운 후 길게 갈라 긁은 바닐라 빈을 넣어 15분간 향을 우려낸다. 소스팬에 설탕만 넣고 녹여 캐러멜을 만든 다음, 바닐라 향이 우러난 뜨거운 생크림을 조심스럽게 넣고 잘 섞어준다. 2분간 끓인 다음 체에 거른다.

프렌치 토스트 담금 혼합물
APPAREIL À PAIN PERDU

바닐라 우유와 생크림, 달걀, 설탕을 섞고 핸드블렌더로 슬쩍 한 번 갈아 혼합한다. 브리오슈를 슬라이스해 이 혼합물에 담가 적신 다음 건진다. 팬에 버터와 포도씨유를 달군 후 브리오슈의 양면이 노릇한 색이 나도록 지져낸다.

완성하기
MONTAGE ET FINITIONS

프렌치 토스트에 캐러멜 소스와 생 레드커런트를 곁들여 서빙한다.

PAIN PERDU GROSEILLE

준비 : 1 시간 30 분

10 인분

조리 : 1 시간

휴지 : 12 시간 + 2 시간

FRU
SAUV

야생과일

ITS
AGES

야생과일

무화과
FIGUE

계절
7월~10월

고르는 요령
향이 진하며 과육이 단단하고 통통한 것으로 고른다.

평균 중량
50g

보관
상온에서 4일까지 보관할 수 있다. 냉장고에 보관한 경우에는 먹기 30분 전에 미리 꺼내둔다.

어울리는 재료
돌스 마타로*, 라벤더, 바닐라 아이스크림, 로즈마리

* Dolç Mataró : 스페인 카탈루냐 지방에서 생산하는 스위트 레드 와인.

야생 딸기, 숲딸기
FRAISE DES BOIS

계절
6월~9월

고르는 요령
향이 아주 진한 것을 고른다.

평균 중량
한 알당 10g 이하

보관
냉장고에서 최대 48시간

어울리는 재료
라임, 바질, 프로마주 블랑

블랙베리
MÛRE

계절
7월~10월

고르는 요령
향이 진하고 거의 무르다 싶을 정도로
말랑하게 익은 것을 고른다.

평균 중량
한 알당 10g 이하

보관
냉장고 야채 칸에서 2~3일

어울리는 재료
코코넛, 생강, 바나나

블루베리
MYRTILLE

계절
6월~9월

고르는 요령
곰팡이 핀 곳이 없나 꼼꼼히 확인한다.
향이 진하고 꼭지부분의 푸른 보랏빛이
더 진할수록 좋다.

평균 중량
한 알당 10g 이하

보관
냉장고에서 일주일까지 보관할 수 있다.

어울리는 재료
요거트, 라즈베리, 복숭아

포도
RAISIN

계절
7월~10월

고르는 요령
알이 단단하고 상처나 얼룩이 없어야 한다.
줄기는 탄력이 있고 꺾었을 때 탁 하고
부러지는 것이 싱싱하다.

평균 중량
품종에 따라 한 송이당 150~500g

보관
냉장고 야채 칸에 5일까지 보관할 수 있다.

어울리는 재료
바나나, 럼, 사과

루바브, 대황
RHUBARBE

계절
4월~7월

고르는 요령
긴 대의 양 끝이 단단하고
상처나 얼룩이 없는 것으로 고른다.

평균 중량
80g

보관
냉장고 야채 칸에서 최대 3일

어울리는 재료
딸기, 사과, 생강

무화과 타르틀레트

무화과나무 잎 시럽
물 200g
라벤더 꿀 20g
무화과나무 잎 6장

포치드 무화과
버터 25g
무화과 (figues de Solliès) 8개
라벤더 꿀 40g
바닐라 빈 1줄기

타르틀레트 시트
파트 쉬크레 590g (p.312 참조)

무화과 잎 휩드 가나슈
가루 젤라틴 3g
물 21g
생크림 310g
무화과나무 잎 3장
화이트 커버처 초콜릿 (ivoire) 70g

무화과 인서트
잘 익은 생 무화과 100g

달걀물
달걀노른자 100g
생크림 (crème liquide) 25g

무화과 아몬드 크림
아몬드 크림 150g (p.314 참조)
럼 9g
도톰하고 동그랗게 썬 생 무화과 10조각

무화과 잼
생 무화과 625g
설탕 50g
포도당 분말 50g
펙틴 3g
주석산 3g

완성 재료
보라색 코팅
코팅 혼합물 470g (p.317 코팅하기 참조)
지용성 식용색소 (빨강) 4g
지용성 식용색소 (파랑) 9g

붉은색 나파주
식용색소 (라즈베리 레드) 0.1g
물 1g
무색 나파주 50g

구운 아몬드 잘게 부순 것 100g (p.317 참조)
초콜릿으로 만든 줄기 꼭지 10개 (p.317 참조)

TARTELETTES FIGUE

준비 : 3 시간 30 분

10 인분

조리 : 1 시간

휴지 : 24 시간 + 3 시간 40 분

무화과 타르틀레트

무화과나무 잎 시럽
SIROP DE FEUILLES DE FIGUIER

하루 전날. 소스팬에 물과 꿀을 넣고 끓여 시럽을 만든다. 불을 끈 다음 잘게 다진 무화과나무 잎을 넣고 20분간 향을 우린다. 체에 거른다.

포치드 무화과
FIGUES POCHÉES

팬에 버터를 녹여 거품이 일면, 자르지 않은 무화과를 넣고 팬을 흔들어가며 버터를 골고루 입힌다. 꿀과 바닐라를 넣고 몇 분간 익힌다. 무화과나무 잎 시럽을 넣고 무화과가 살짝 말랑말랑해질 때까지 몇 분간 더 익힌다. 익힌 시럽과 함께 밀폐용기에 덜어 상온에서 24시간 동안 재운다.

타르틀레트 시트
FONDS DE TARTELETTES

하루 전날. 파트 쉬크레를 만들어 타르틀레트 틀에 앉힌 다음 (p.312 참조), 냉장고에 하루 동안 넣어 표면이 꾸둑해지도록 굳힌다.

무화과 잎 휩드 가나슈
GANACHE MONTÉE FEUILLES DE FIGUIER

하루 전날. 젤라틴을 분량의 따뜻한 물에 섞어서 20분 정도 불린다. 생크림 분량 1/3에 잘게 다진 무화과나무 잎을 넣고 뜨겁게 데운 후 불을 끄고 20분간 향을 우린다. 체에 거른 뒤 무게를 잰다. 모자라는 양 만큼 생크림을 더 추가해 총 310g이 되도록 만든 다음 가열한다. 뜨거운 생크림을 잘게 다진 커버처 초콜릿 위에 부으면서 잘 혼합한 다음 젤라틴을 넣어준다. 핸드블렌더로 갈아 유화한다. 냉장고에 12시간 넣어둔다.

무화과 인서트
INSERT FIGUE

당일. 포치드 무화과를 건지고, 담갔던 시럽은 따로 두었다가 무화과 잼 만들 때 사용한다. 포치드 무화과를 굵직하게 다진다. 생 무화과도 같은 크기로 굵게 다진다. 둘을 혼합해 지름 3.5cm 크기의 반구형 실리콘 틀에 채워 넣는다. 냉동실에 1시간 넣어두어 완전히 얼린다.

달걀물 입히기
DORURE

오븐을 160℃로 예열한다. 타르틀레트 시트를 오븐에 넣어 20분간 굽는다. 달걀노른자와 생크림을 섞어 달걀물을 만든 다음 초벌구이한 타르틀레트 시트에 붓으로 발라준다. 오븐에 넣어 다시 5분간 굽는다.

TARTELETTES FIGUE

무화과 아몬드 크림

CRÈME AMANDE-FIGUES

아몬드 크림을 만든 다음 (p.314 참조) 짤주머니에 넣는다. 구워 놓은 타르틀레트 시트에 아몬드 크림을 한 켜 채운 뒤 160℃ 오븐에 넣어 5분간 더 굽는다. 꺼내서 식힌다. 동그랗게 슬라이스한 생 무화과를 위에 올리고 다시 오븐에서 10분간 굽는다. 꺼내서 식힌다.

무화과 잼

CONFITURE DE FIGUE

무화과 500g을 세로로 적당히 등분한 다음 다시 반으로 자른다. 나머지 125g의 무화과는 작은 큐브 모양으로 썬다. 소스팬에 무화과나무 잎 향을 우린 시럽 75g과 설탕을 넣고 115℃까지 가열한다. 굵직하게 썬 무화과를 먼저 넣고 약한 불로 익힌다. 과일의 즙이 나오면서 콩포트처럼 익기 시작하면 불을 끄고 따뜻한 온도로 약간 식힌다. 여기에 펙틴, 주석산과 혼합한 포도당 분말을 넣어 섞고 95℃까지 가열한 다음 불에서 내려 식힌다. 무화과 잼이 식으면 큐브 모양으로 잘게 썬 무화과를 넣고 섞어 짤주머니에 채워 넣는다. 식은 타르틀레트 시트에 무화과 잼을 채운 다음 스패출러로 매끈하게 밀어준다.

완성하기

MONTAGE ET FINITIONS

차가운 믹싱볼에 무화과나무 잎 가나슈를 넣고 거품기로 휘핑한 다음 짤주머니를 이용해 지름 4.5cm 크기의 반구형 실리콘 틀에 채워 넣는다. 얼려둔 무화과 인서트를 중앙에 한 개씩 넣고 가나슈를 덮어 매끈하게 마무리한 다음 냉동실에 다시 3시간 넣어둔다. 반구형 모양이 얼면 틀에서 분리한 다음 꼭대기에 가나슈를 작고 둥글게 더 얹고 연결해서 무화과 모양으로 성형한다. 냉동실에 다시 20분간 넣어둔다. 보라색 코팅 혼합물을 만들어 35℃가 되면 무화과 모형을 담가 코팅을 입히고, 스프레이건으로 분사해 벨벳 느낌의 두 번째 코팅을 입힌다. 붉은색 색소를 물에 풀어 무색 나파주와 섞는다. 이 붉은색 나파주의 온도를 40℃로 만든 다음 분사해 작은 물방울 같이 오돌도돌한 질감을 표현한다. 무화과 모양을 타르틀레트 시트에 얹고, 굵게 다진 구운 아몬드를 이음새 부분에 빙 둘러 붙여준다. 초콜릿으로 줄기 꼭지 모양을 만들어 (p.317 참조) 맨 위 중앙에 한 개씩 붙여 완성한다.

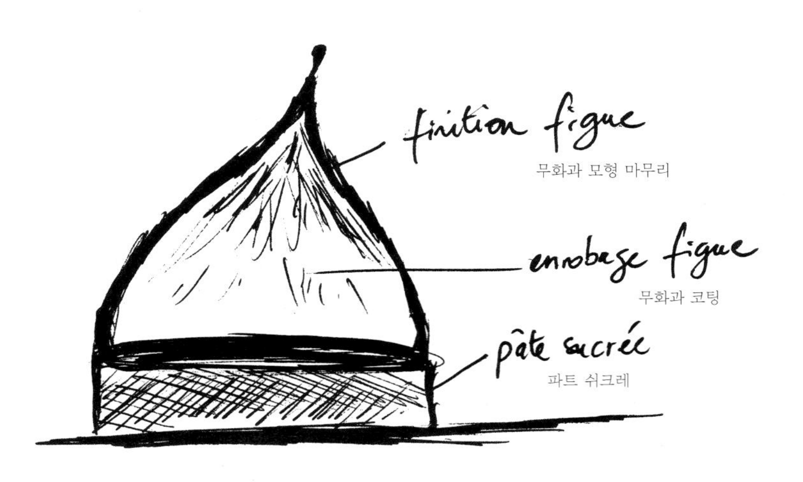

무화과 쿠키

포치드 무화과
버터 5g
잘 익은 생 무화과 (figues de Solliès 또는 noires de Caromb) 8개
라벤더 꿀 10g
바닐라 빈 1줄기

무화과 콩포트
잘 익은 생 무화과 100g

캐러멜 코팅 아몬드
데쳐 껍질 벗긴 아몬드 100g
물 10g
설탕 40g

쿠키 반죽
버터 120g
지용성 식용색소 (빨강) 1g
지용성 식용색소 (파랑) 1g
아몬드 페이스트 90g
비정제 황설탕 100g
설탕 220g
소금 (플뢰르 드 셀) 4g
달걀 90g
밀가루 (T55) 420g
베이킹소다 8g
무화과 (Ronde de Bordeaux) 4개

완성 재료
생 무화과 20개
올리브오일 한 바퀴

포치드 무화과
FIGUES POCHÉES

하루 전날. 팬에 버터를 녹여 거품이 일면 자르지 않은 무화과를 넣고 팬을 흔들어가며 버터를 골고루 입힌다. 꿀과 바닐라를 넣고 무화과가 살짝 말랑해질 때까지 몇 분간 익힌다. 익힌 시럽과 함께 밀폐용기에 덜어 상온에서 24시간 동안 재운다.

무화과 콩포트
COMPOTÉE DE FIGUE

당일. 포치드 무화과를 건진 다음 굵직하게 다진다. 생 무화과도 같은 크기로 굵게 다진다. 둘을 혼합한 다음 깍지를 끼우지 않은 짤주머니에 채워 넣는다.

캐러멜 코팅 아몬드
AMANDES SABLÉES

오븐을 160℃로 예열한다. 아몬드를 베이킹 팬에 넓게 펼쳐놓고 오븐에 넣어 20분간 로스팅한다. 동냄비에 물과 설탕을 넣고 110℃까지 가열한 다음 아몬드를 넣는다. 불에서 내려 잘 섞은 뒤 다시 불에 올려 캐러멜라이즈한다. 아몬드에 시럽이 골고루 묻고 캐러멜 색이 제대로 나면 대리석 작업대 위 또는 기름을 살짝 바른 도마 위에 쏟아 펼쳐 놓고 식힌다. 크고 튼튼한 칼로 아몬드를 굵직하게 다진다.

쿠키 반죽
PÂTE À COOKIES

오븐을 165℃로 예열한다. 버터와 식용색소, 아몬드 페이스트, 설탕, 소금을 혼합한 다음 달걀을 하나씩 넣으며 섞는다. 밀가루와 베이킹소다를 섞은 뒤 혼합물에 넣어준다. 마지막으로 무화과 과육을 넣고 섞는다. 손으로 한 개당 약 35g씩 뭉쳐 작은 볼을 만든 다음 굵게 다져둔 캐러멜 코팅 아몬드에 굴려준다. 오븐에 넣고 6분간 굽는다.

완성하기
MONTAGE ET FINITIONS

무화과를 8등분한 뒤 베이킹 팬에 펼쳐 놓고 올리브오일을 뿌린 다음 5분간 굽는다. 6분간 구워낸 쿠키 한 개당 구운 무화과 3조각씩을 얹고 나머지는 따로 보관한다. 지름 8cm 원형 틀에 무화과 얹은 쿠키를 넣어 동그랗게 모양을 잡아준 뒤 다시 오븐에서 4분간 굽는다.
쿠키 위에 3군데씩 점을 찍듯이 무화과 콩포트를 얹은 다음 오븐에서 1분간 굽는다. 오븐에서 꺼낸 뒤 마지막으로 따로 보관해두었던 구운 무화과를 3조각씩 얹고 올리브오일을 살짝 둘러주어 완성한다.

준비 : 1 시간

조리 : 35 분

10 인분

휴지 : 24 시간

준비 : 2 시간

8 ~ 10 인분

조리 : 45 분

휴지 : 24 시간 + 20 분

무화과 타르트

타르트 시트
파트 쉬크레 590g (p.312 참조)

달걀물
달걀노른자 100g
생크림 (crème liquide) 25g

무화과 아몬드 크림
아몬드 크림 300g (p.314 참조)
무화과 과육 45g (3개 정도)

무화과나무 잎 시럽
물 75g
설탕 7.5g
무화과나무 잎 1장

무화과 잼
설탕 20g
생 무화과 250g
펙틴 1.4g
주석산 1.4g

돌스 마타로 젤
돌스 마타로 스위트 와인 120g
한천 1.5g
설탕 2.5g

완성 재료
무화과 과육 80g
신선한 생 무화과 10개

타르트 시트
FOND DE TARTE

하루 전날. 파트 쉬크레를 만들어 타르트 틀에 앉힌 다음 (p.312 참조), 냉장고에 하루 동안 넣어 표면이 꾸둑해지도록 굳힌다.
당일. 타르트 시트를 160°C로 예열한 오븐에 넣어 25분간 굽는다.

달걀물 입히기
DORURE

달걀노른자와 생크림을 섞어 달걀물을 만든 다음 초벌구이한 타르트 시트에 붓으로 발라준다. 다시 오븐에 넣어 노릇한 색이 나도록 10분간 굽는다.

무화과 아몬드 크림
CRÈME AMANDE-FIGUES

아몬드 크림을 만든 다음 (p.314 참조) 짤주머니에 넣는다. 구워 놓은 타르트 시트에 아몬드 크림을 한 켜 채운 뒤, 그 위에 잘게 썬 무화과 과육을 놓고 콕콕 박아준다. 다시 오븐에 넣어 10분간 더 굽는다.

무화과나무 잎 시럽
SIROP INFUSÉ À LA FEUILLE DE FIGUIER

소스팬에 물과 설탕을 넣고 끓인다. 불을 끈 다음 잘게 다진 무화과나무 잎을 넣고 20분간 향을 우린다. 체에 거른다.

무화과 잼
CONFITURE DE FIGUE

소스팬에 무화과나무 잎 향을 우린 시럽 30g과 설탕을 넣고 115°C까지 가열한다. 생 무화과를 넣고 약한 불로 약 10분간 졸이듯이 익힌다. 무화과가 거의 콩포트처럼 익으면 불을 끄고 몇 분간 식힌다. 펙틴과 주석산을 콩포트에 넣고 섞는다. 다시 1분간 끓인 뒤 불에서 내린다.

돌스 마타로 젤
GEL DOLÇ MATARÓ

소스팬에 돌스 마타로 와인을 넣고 가열한다. 설탕과 한천을 섞어 뜨거워진 와인에 넣어 섞는다. 1분간 끓인 뒤 덜어내 냉장고에 넣어둔다.

완성하기
MONTAGE ET FINITIONS

오븐에 구운 타르트가 완전히 식으면 그 위에 무화과 살을 놓고 무화과 잼을 채워준다. 돌스 마테로 젤을 점을 찍듯이 얹는다. 생 무화과를 균일한 모양으로 얇게 썰어 타르트 표면 전체에 보기 좋게 빙 둘러 얹어 완성한다.

TARTE AUX FIGUES

야생 딸기 타르틀레트

타르틀레트 시트
파트 쉬크레 590g (p.312 참조)

달걀물
달걀노른자 100g
생크림 (crème liquide) 25g

야생 딸기 아몬드 크림
아몬드 크림 300g (p.314 참조)
야생 딸기 100g

크렘 파티시에
우유 300g
생크림 (crème liquide) 35g
바닐라 빈 1줄기
달걀노른자 60g
설탕 35g
커스터드 분말 18g
밀가루 18g
카카오 버터 20g
젤라틴 16g
물 72g
버터 40g
마스카르포네 20g

야생 딸기 마멀레이드
야생 딸기 150g
설탕 30g
올리브오일 45g
라임즙, 라임 제스트 1개분

완성 재료
야생 딸기 250g

타르틀레트 시트
FONDS DE TARTELETTES

하루 전날. 파트 쉬크레를 만들어 타르틀레트 틀에 앉힌 다음 (p.312 참조), 냉장고에 하루 동안 넣어 표면이 꾸둑해지도록 굳힌다.
당일. 160℃로 예열한 오븐에 타르틀레트 시트를 넣어 20분간 굽는다.

달걀물 입히기
DORURE

달걀노른자와 생크림을 섞어 달걀물을 만든 다음 초벌구이한 타르틀레트 시트에 붓으로 발라준다. 다시 오븐에 넣어 노릇한 색이 나도록 10분간 굽는다.

야생 딸기 아몬드 크림
CRÈME AMANDE-FRAISE DES BOIS

아몬드 크림을 만든 다음 (p.314 참조) 짤주머니에 넣는다. 구워 놓은 타르틀레트 시트에 아몬드 크림을 한 켜 채운 뒤, 그 위에 야생 딸기를 놓고 콕콕 박아준다. 다시 오븐에 넣어 10분간 더 굽는다.

크렘 파티시에
CRÈME PÂTISSIÈRE

크렘 파티시에를 만든 다음 (p.314 참조), 짤주머니에 넣어 냉장고에 30분간 넣어둔다. 아몬드 크림과 야생 딸기를 넣고 구워둔 타르틀레트 시트에 크렘 파티시에를 채워 넣고 위로 더 짜 올려 돔 모양을 만든다.

야생 딸기 마멀레이드
MARMELADE DE FRAISES DES BOIS

야생 딸기에 설탕과 올리브오일, 라임 즙과 라임 제스트를 넣고 포크로 으깨준다. 깍지를 끼우지 않은 짤주머니에 넣고 크렘 파티시에 돔 안쪽에 채워 넣는다.

완성하기
MONTAGE ET FINITIONS

야생 딸기의 뾰족한 쪽이 바깥으로 오도록 해 타르틀레트 표면 전체에 입체적으로 얹어준다.

TARTELETTES FRAISE DES BOIS

준비 : 2 시간

10 인분

조리 : 45 분

휴지 : 24 시간 + 30 분

준비 : 2 시간

8 ~ 10 인분

조리 : 45 분

휴지 : 24 시간

야생 블랙베리 타르트

타르트 시트
파트 쉬크레 590g (p.312 참조)
달걀노른자 100g
생크림 (crème liquide) 25g

블랙베리 아몬드 크림
아몬드 크림 300g (p.314 참조)
생 블랙베리 50g
올리브오일 몇 방울

크렘 파티시에
우유 90g
생크림 (crème liquide) 10g
바닐라 빈 1줄기
달걀노른자 20g
설탕 10g
커스터드 분말 5g
밀가루 5g
카카오 버터 6g
가루 젤라틴 10g
물 70g
버터 10g
마스카르포네 10g

블랙베리 마멀레이드
생 블랙베리 200g
설탕 100g
레몬 즙 10g
아스코르빅산 2g
펙틴 2g

완성 재료
야생 블랙베리 180g
올리브오일 (Casanova®) 40g

타르트 시트
FOND DE TARTE

하루 전날. 파트 쉬크레를 만들어 타르트 틀에 앉힌 다음 (p.312 참조), 냉장고에 하루 동안 넣어 표면이 꾸둑해지도록 굳힌다. 당일. 160℃로 예열한 오븐에 타르트 시트를 넣어 25분간 굽는다. 달걀노른자와 생크림을 섞어 달걀물을 만든 다음 초벌구이한 타르트 시트에 붓으로 발라준다. 다시 오븐에 넣어 10분간 굽는다.

블랙베리 아몬드 크림
CRÈME AMANDE-MÛRES

아몬드 크림을 만든 다음 (p.314 참조) 짤주머니에 넣는다. 구워 놓은 타르트 시트에 아몬드 크림을 한 켜 채운 뒤, 그 위에 생 블랙베리를 놓고 콕콕 박아준다. 다시 오븐에 넣어 10분간 더 굽는다. 오븐에서 꺼내 뜨거울 때 올리브오일을 몇 방울 뿌려준다.

크렘 파티시에
CRÈME PÂTISSIÈRE

레시피 분량대로 크렘 파티시에를 만든 다음 (p.314 참조) 냉장고에 30분 넣어둔다. 짤주머니를 이용해 타르트 시트의 아몬드 크림과 블랙베리 층 위에 짜 넣는다.

블랙베리 마멀레이드
MARMELADE DE MÛRE

소스팬에 생 블랙베리와 설탕 80g, 레몬 즙, 아스코르빅산을 넣고 약한 불에 올려 원하는 농도가 될 때까지 약 10분간 졸인다. 그동안 나머지 분량의 설탕과 펙틴을 섞어둔다. 이것을 마멀레이드에 넣고 가열해 1분간 끓는 상태를 유지한 다음 불에서 내린다. 용기에 담아 냉장고에 30분 넣어둔다. 타르트의 크렘 파티시에 층 위에 마멀레이드를 펴 발라 덮어준다.

완성하기
MONTAGE ET FINITIONS

볼에 야생 블랙베리를 넣고 올리브오일을 뿌려 골고루 코팅되도록 조심스럽게 섞는다. 블랙베리의 구멍이 아래쪽으로 향하도록 타르트 위에 얹어 완성한다.

TARTE AUX MURES SAUVAGES

블루베리 와플

와플
우유 500g
바닐라 빈 2줄기
버터 400g
밀가루 (T55) 460g
소금 6g
달걀흰자 220g
설탕 40g
비정제 황설탕

완성 재료
생 블루베리 250g

와플
GAUFRES

우유를 뜨겁게 데운 뒤 길게 갈라 긁은 바닐라 빈을 넣는다. 불을 끄고 20분간 향을 우린다. 버터를 갈색이 나기 시작할 때까지 가열한 다음 바닐라 향이 우러난 우유에 부어 섞고 혼합물의 온도를 40°C로 만든다. 믹싱볼에 밀가루와 소금을 넣고 40°C의 혼합물을 3번에 나누어 넣으며 거품기로 잘 섞어 끈기 있는 반죽을 만든다.

전동 스탠드 믹서 볼에 달걀흰자를 넣고 와이어 휩을 돌려 거품을 올린다. 설탕을 넣어가며 단단한 거품을 올린다. 거품 올린 흰자를 와플 반죽 혼합물에 넣고 주걱으로 살살 돌리며 섞는다.

와플 메이커에 반죽을 붓고 황설탕을 솔솔 뿌린 다음 4분간 굽는다.

완성하기
MONTAGE ET FINITIONS

와플에 신선한 생 블루베리를 곁들여 서빙한다.

GAUFRES MYRTILLE

준비 : 30 분

6 인분

조리 : 4 분

휴지 : 20 분

준비 : 2 시간

조리 : 45 분

8 ~ 10 인분

휴지 : 24 시간 + 30 분

야생 블루베리 타르트

타르트 시트
파트 쉬크레 590g (p.312 참조)
달걀노른자 100g
생크림 (crème liquide) 25g

블루베리 아몬드 크림
아몬드 크림 300g (p.314 참조)
생 블루베리 40g
올리브오일

크렘 파티시에
우유 90g
생크림 (crème liquide) 10g
바닐라 빈 1줄기
달걀노른자 20g
설탕 10g
커스터드 분말 5g
밀가루 5g
카카오 버터 6g
가루 젤라틴 10g
물 70g
버터 10g
마스카르포네 10g

블루베리 마멀레이드
생 블루베리 200g
설탕 100g
레몬 즙 10g
아스코르빅산 2g
펙틴 2g

완성 재료
야생 블루베리 180g
올리브오일 몇 방울

타르트 시트
FOND DE TARTE

하루 전날. 파트 쉬크레를 만들어 타르트 틀에 앉힌 다음 (p.312 참조), 냉장고에 하루 동안 넣어 표면이 꾸둑해지도록 굳힌다. 당일. 160℃로 예열한 오븐에 타르트 시트를 넣어 25분간 굽는다. 달걀노른자와 생크림을 섞어 달걀물을 만든 다음 초벌구이한 타르트 시트에 붓으로 발라준다. 다시 오븐에 넣어 10분간 굽는다.

블루베리 아몬드 크림
CRÈME AMANDE-MYRTILLES

아몬드 크림을 만들어 (p.314 참조) 짤주머니에 넣는다. 구워 놓은 타르트 시트에 아몬드 크림을 한 켜 채운 뒤, 그 위에 생 블루베리를 놓고 콕콕 박아준다. 다시 오븐에 넣어 10분간 더 굽는다. 오븐에서 꺼내 뜨거울 때 올리브오일을 몇 방울 뿌려준다.

크렘 파티시에
CRÈME PÂTISSIÈRE

레시피 분량대로 크렘 파티시에를 만든 다음 (p.314 참조) 냉장고에 30분 넣어둔다. 짤주머니를 이용해 타르트 시트의 블루베리 아몬드 크림 층 위에 짜 채워준다.

블루베리 마멀레이드
MARMELADE DE MYRTILLE

소스팬에 생 블루베리와 설탕 80g, 레몬 즙, 아스코르빅산을 넣고 약한 불에 올려 원하는 농도가 될 때까지 약 10분간 졸인다. 그동안 나머지 분량의 설탕과 펙틴을 섞어둔다. 이것을 마멀레이드에 넣고 가열해 1분간 끓는 상태를 유지한 다음 불에서 내린다. 용기에 담아 냉장고에 30분 넣어둔다. 타르트의 크렘 파티시에 층 위에 마멀레이드를 펴 발라 덮어준다.

완성하기
MONTAGE ET FINITIONS

볼에 야생 블루베리를 넣고 올리브오일을 뿌려 골고루 코팅되도록 조심스럽게 섞는다. 블루베리를 타르트 표면 전체에 얹어 완성한다.

준비 : 2 시간

15 인분

조리 : 15 분

휴지 : 10 시간 35 분

골든 레이즌 바닐라 롤

반죽
밀가루 1kg
소금 20g
설탕 120g
우유 분말 40g
이스트 40g
물 460g
버터 100g
푀유타주 밀어접기용 버터 (beurre de tourage) 500g

골든 레이즌
골든 레이즌 200g
따뜻한 물 500g

바닐라 페이스트
바닐라 빈 13줄기
전화당 75g
물 25g

설탕을 줄인 크렘 파티시에
우유 400g
생크림 (crème liquide) 50g
바닐라 빈 2줄기
달걀노른자 90g
설탕 50g
커스터드 분말 25g
밀가루 25g
카카오 버터 30g
가루 젤라틴 10g
물 70g
버터 50g
마스카르포네 30g

완성 재료
바닐라 가루 20g

반죽
PÂTE

전동 스탠드 믹서 볼에 밀가루, 소금, 설탕, 우유 분말, 이스트, 물, 상온의 버터를 넣고 도우훅으로 반죽한다. 저속(1)으로 7분간 반죽한 다음 냉장고에 3시간 동안 넣어 1차 발효한다. 차가운 반죽을 큰 직사각형 모양으로 민다. 밀어접기용 버터 덩어리를 밀대로 두드려 밀어 반죽 폭의 반 크기로 넓적하게 만든다. 버터를 반죽 가운데 놓고 양쪽 끝을 가운데로 접어 버터를 완전히 감싸 밀봉한 다음 밀대로 다시 길게 민다. 반죽을 세 겹으로 접은 뒤 냉장고에 2시간 동안 넣어 휴지시킨다. 같은 방법으로 두 번 더 반복해 총 3회의 3절 밀어접기 과정을 마친다. 중간중간 휴지하는 시간도 동일하게 지킨다. 마지막 밀어접기를 마친 후 냉장고에 1시간 넣어둔다.

골든 레이즌
RAISINS

골든 레이즌을 따뜻한 물에 담가 1시간 동안 불린다.

설탕을 줄인 크렘 파티시에
CRÈME PÂTISSIÈRE MOINS SUCRÉE

레시피의 분량대로 크렘 파티시에를 만든다 (p.314 참조). 냉장고에 30분간 넣어둔다.

바닐라 페이스트
PÂTE DE VANILLE

바닐라 빈 줄기를 푸드 프로세서로 분쇄한 다음 전화당과 물을 넣어 섞는다. 용기에 덜어 냉동실에 15분간 넣어둔다. 블렌더를 "강"으로 맞춘 뒤 최소 10번 이상 짧게 갈아준다.

바닐라 페이스트를 블렌더로 갈 때, 반드시 얼어 있는 상태여야 한다.

완성하기
MONTAGE ET FINITIONS

크렘 파티시에를 거품기로 저어 풀어준 다음 바닐라 페이스트를 넣어 섞는다. 빵 반죽을 3.5mm 두께로 밀어 32cm x 25cm 크기의 직사각형을 만든다. L자 스패출러를 사용해 크렘 파티시에를 전체적으로 펴 발라준다. 건져서 물기를 뺀 골든 레이즌과 말린 바닐라 가루를 흩뿌려준 다음 반죽을 김밥처럼 꼭꼭 말아준다. 이어서 바닐라 가루에 굴린다. 냉동실에 20분간 넣었다 꺼낸 뒤 김밥 썰듯이 2cm 두께로 잘라 팽 오 레쟁 (pains aux raisins)을 만든다. 깨끗한 행주로 덮은 다음 따뜻한 장소에서 30분 동안 발효시킨다. 오븐을 180℃로 예열한다. 베이킹 팬 위에 지름 10cm 링을 놓은 다음 팽 오 레쟁을 한 개씩 넣고 오븐에서 12분간 굽는다.

PAINS RAISIN-VANILLE

쿠겔호프

건포도 재우기
물 125g
설탕 20g
설타나 건포도 (raisins sultanas) 335g

발효종, 르뱅
밀가루 (T45) 325g
물 233g
이스트 5g

반죽
발효종 280g
밀가루 (T45) 337.5g
우유 90g
맥아 발효액 (malt liquide actif) 9g
설탕 93g
이스트 46g
달걀노른자 70g
버터 115g
소금 7g
레몬 페이스트 2.5g

완성 재료
틀에 바르는 용도의 버터 30g
아몬드 슬라이스 50g
설탕 20g
녹인 버터

건포도 재우기
RAISINS MARINÉS

하루 전날. 소스팬에 물과 설탕을 넣고 끓여 시럽을 만든다. 건포도와 이 시럽을 밀폐용기에 담고 냉장고에 넣어 24시간 재워둔다.

발효종, 르뱅
LEVAIN

하루 전날. 전동 스탠드 믹서 볼에 밀가루, 물, 이스트를 넣고 도우훅을 저속(1)으로 천천히 5분간 돌려 반죽한다. 1시간 동안 따뜻한 곳에 두어 발효시킨 뒤, 냉장고에 24시간 넣어둔다.

반죽
PÂTE

당일. 전동 스탠드 믹서 볼에 발효종, 밀가루, 우유, 맥아 발효액, 설탕, 이스트, 달걀노른자를 넣고 도우훅을 저속(1)으로 천천히 5분간 돌려 반죽한다. 버터와 소금을 넣어준다. 반죽이 균일해지면 속도 2로 올리고, 반죽을 잡아당겼을 때 얇은 베일처럼 늘어나는 상태가 될 때까지 돌린다. 레몬 페이스트와 시럽에서 건진 건포도를 넣어준다. 2시간 동안 상온에 두어 1차 발효시킨다. 반죽을 450g씩 나누어 탱탱한 공 모양으로 만든다. 10분간 휴지시킨 후 성형한다.

완성하기
MONTAGE ET FINITIONS

지름 18cm짜리 쿠겔호프 틀 1개, 또는 지름 8cm짜리 작은틀 6개를 준비해 안쪽에 버터를 바른 뒤, 맨 밑에 빙둘러 아몬드 슬라이스를 깔고 설탕을 뿌린다. 반죽을 틀에 넣고 상온에서 45분간 부풀도록 발효시킨다. 오븐을 180℃로 예열한 다음, 쿠겔호프를 넣고 35분간 굽는다. 오븐에서 꺼낸 뒤 바로 틀에서 분리하고 표면 전체에 녹인 버터를 붓으로 발라준다.

준비 : 2 시간

6 인분

조리 : 35 분

휴지 : 1 시간 + 24 시간 + 2 시간 55 분

딸기 루바브 에클레어

에클레어
슈 반죽 400g
식용색소 (스트로베리 레드) 0.15g

붉은색 크럼블 (p.318 참조)
크럼블 반죽 350g
지용성 식용색소 (빨강) 5g

슈거 크러스트 루바브
루바브 5줄기
우박설탕 (펄 슈거) 300g
달걀흰자 30g
설탕 15g
바닐라 슈거 5g
꿀 5g

딸기 루바브 콩포트
생 딸기 100g
생 루바브 100g

딸기 크렘 파티시에
딸기즙 220g
생크림 (crème liquide) 25g
달걀노른자 40g
설탕 45g
밀가루 12g
커스터드 분말 12g
가루 젤라틴 4g
물 24g
버터 25g
카카오 버터 22g
마스카르포네 15g

붉은색 전분 글라사주
흰색 전분 글라사주 250g
수용성 식용색소 (빨강) 5g
구릿빛 펄 파우더 10g

완성 재료
루바브 칩 (p.316 참조)

슈거 크러스트 루바브
RHUBARBE CROÛTE DE SUCRE

하루 전날. 슈거 크러스트 루바브를 만들어 (p.316 참조), 거름망 용기 위에 놓고 하룻밤 즙을 거른다.

흘러내린 즙은 따로 보관해두었다가 즐레 등을 만들 때 활용한다.

에클레어
ÉCLAIRS

당일. 슈 반죽으로 에클레어를 만들고 (p.318 참조) 붉은색 크럼블을 덮어 180℃ 오븐에서 20분간 굽는다. 오븐 온도를 160℃로 낮춘 후 다시 15분간 건조시킨다.

딸기 루바브 콩포트
COMPOTÉE FRAISE-RHUBARBE

즙을 거른 슈거 크러스트 루바브를 블렌더로 갈아준다. 생 딸기와 생 루바브를 아주 작은 큐브 모양으로 썬 다음 블렌더로 간 루바브와 섞는다.

딸기 크렘 파티시에
CRÈME PÂTISSIÈRE FRAISE

크렘 파티시에를 만든다 (p.314 참조). 이때 바닐라 향 우유 대신 딸기즙을 넣어준다. 냉장고에 30분간 넣어둔다. 원형 깍지를 끼운 짤주머니에 채워 넣는다.

붉은색 전분 글라사주
GLAÇAGE ROUGE FÉCULE

글라사주를 만든다 (p.319 참조). 빨간색 색소와 함께 구릿빛 펄 파우더도 넣어준다.

완성하기
MONTAGE ET FINITIONS

뾰족한 칼끝을 이용해 에클레어 슈 바닥면에 4개의 구멍을 뚫은 후 크렘 파티시에와 콩포트를 채워 넣는다. 글라사주 혼합물을 전자레인지에 데워 27℃로 만든 다음, 에클레어 윗부분을 재빨리 담갔다 빼 우선 한 번 입혀준다. 냉동실에 5분간 넣었다가 꺼내 두 번째 글라사주를 입힌다. 냉장고에 몇 분간 넣어 굳힌다. 마지막에 루바브 칩 (p.316 참조)을 얹어 완성한다.

준비 : 2 시간

8 인분

조리 : 35 분

휴지 : 24 시간 + 2 시간

준비 : 2 시간

10 인분

조리 : 30 분

휴지 : 24 시간 + 3 시간

루바브 볼

슈거 크러스트 루바브
루바브 5줄기
우박설탕 (펄 슈거) 300g
달걀흰자 30g
설탕 15g
바닐라 슈거 5g
꿀 5g

루바브 휩드 가나슈
가루 젤라틴 8g
물 48g
생 루바브 400g
생크림 (crème liquide) 600g
화이트 커버처 초콜릿 (ivoire) 220g

루바브 즐레
설탕 25g
펙틴 12g

완성하기
흰색 전분 글라사주
우유 140g
생크림 (crème liquide) 290g
설탕 375g
글루코즈 시럽 (물엿) 95g
이산화티탄 5g
전분 25g
가루 젤라틴 10g
물 55g

화이트 초콜릿 코팅
코팅 혼합물 300g
(p.317 코팅하기 참조)

루바브 칩 (p.316 참조)

슈거 크러스트 루바브
RHUBARBE CROÛTE DE SUCRE

하루 전날. 슈거 크러스트 루바브를 만들어 (p.316 참조), 거름망 용기 위에 놓고 하룻밤 즙을 거른다.

루바브 휩드 가나슈
GANACHE MONTÉE RHUBARBE

하루 전날. 젤라틴을 분량의 따뜻한 물에 섞어서 20분 정도 불린다. 생 루바브를 주서기로 착즙해 400g의 루바브 즙을 준비한다. 소스팬에 생크림 200g과 루바브 즙을 넣고 뜨겁게 데운다. 랩을 씌우고 10분간 향이 우러나게 둔다. 체에 거르고 다시 뜨겁게 데운 다음 불에서 내리고 젤라틴을 넣어 녹인다. 이 뜨거운 생크림 혼합물을 잘게 다진 화이트 초콜릿 위에 부으면서 잘 혼합한다. 핸드블렌더로 갈아 유화한 뒤, 나머지 차가운 생크림을 넣고 다시 한 번 핸드블렌더로 혼합한다. 냉장고에 12시간 넣어둔다.

루바브 즐레
GELÉE DE RHUBARBE

당일. 슈거 크러스트 루바브와 거른 즙을 따로 용기에 담는다. 소스팬에 루바브 즙을 넣고 데운다. 설탕과 펙틴을 섞은 뒤 소스팬에 뿌려넣고 거품기로 잘 저어주며 섞는다. 끓기 시작하면 2분간 약한 불에서 끓는 상태를 유지한 다음 불에서 내린다. 넓은 용기에 덜어낸 다음 즉시 냉장고에 넣어 완전히 식힌다. 공기가 많이 주입되지 않도록 주의하면서 핸드블렌더로 갈아 혼합한다. 슈거 크러스트 루바브를 넣고 섞는다. 혼합물을 지름 4.5cm 크기의 반구형 실리콘 틀에 채운 다음 냉동실에 1시간 동안 넣어 얼린다. 두 개의 반구형을 붙여 공 모양을 만든다.

완성하기
MONTAGE ET FINITIONS

전동 스탠드 믹서 볼에 차가운 루바브 가나슈를 넣고 거품기로 휘핑한 다음 짤주머니를 사용해 지름 5.5cm 크기의 구형 실리콘 틀 한쪽 면 안에 채워 넣는다. 구형으로 만들어 놓은 루바브 즐레를 가운데 놓고, 구형 몰드 나머지 한쪽 면으로 덮은 뒤 가나슈를 채워 공 모양으로 만든다. 냉동실에 3시간 넣어둔다. 레시피 분량대로 흰색 글라사주와 화이트 초콜릿 코팅 혼합물을 만든다 (p.317 참조). 얼어 굳은 루바브 볼을 틀에서 분리한 다음 따뜻한 손 사이에 넣고 매끈하게 다듬는다. 화이트 초콜릿 코팅 혼합물에 담갔다 뺀 다음 바로 흰색 글라사주에 담가 코팅한다. 냉장고에 2시간 넣어둔다. 루바브 칩으로 장식해 완성한다.

SPHÈRES RHUBARBE

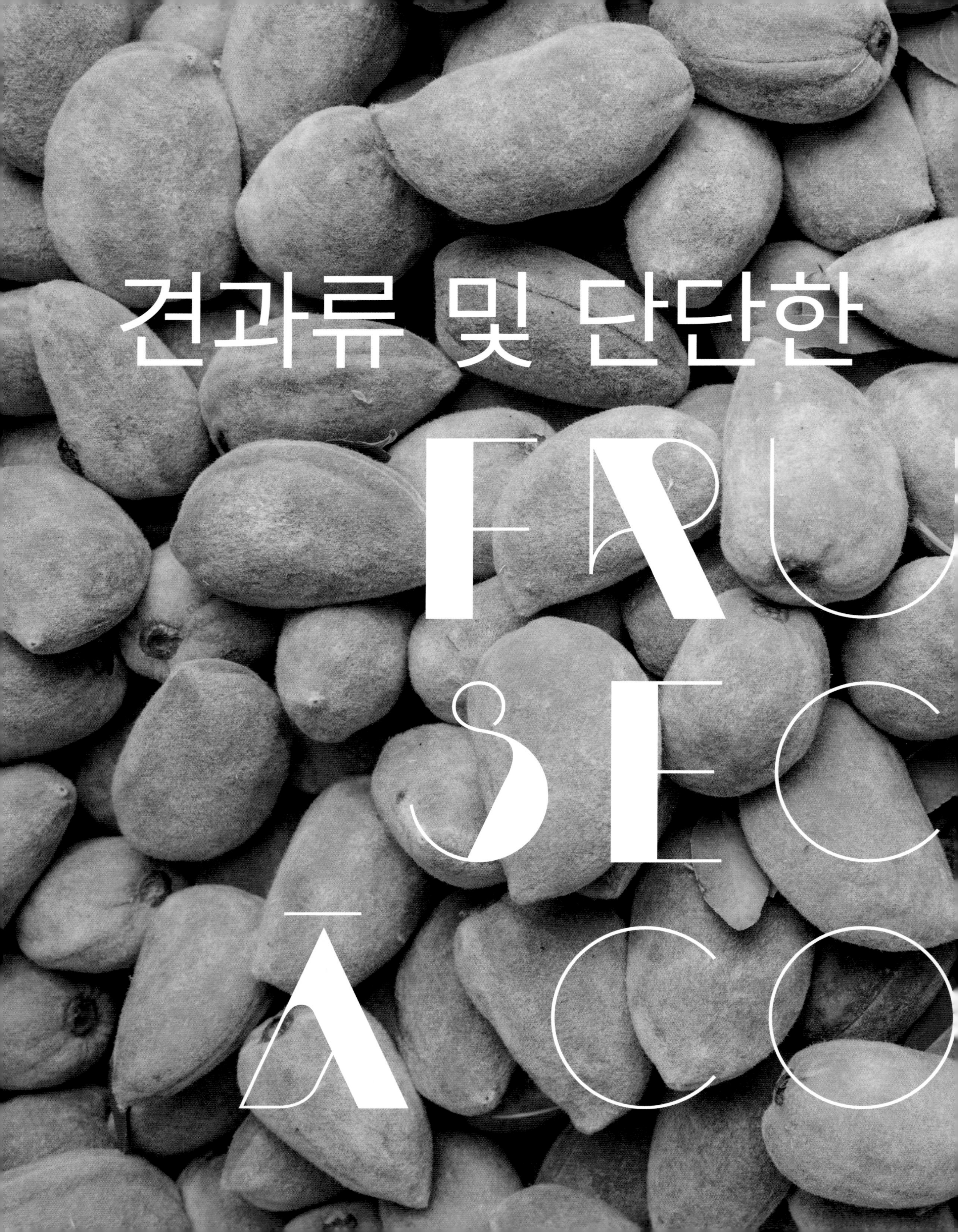
견과류 및 단단한

껍질이 있는 열매

ITS & QUE

견과류 및 단단한 껍질이 있는 열매

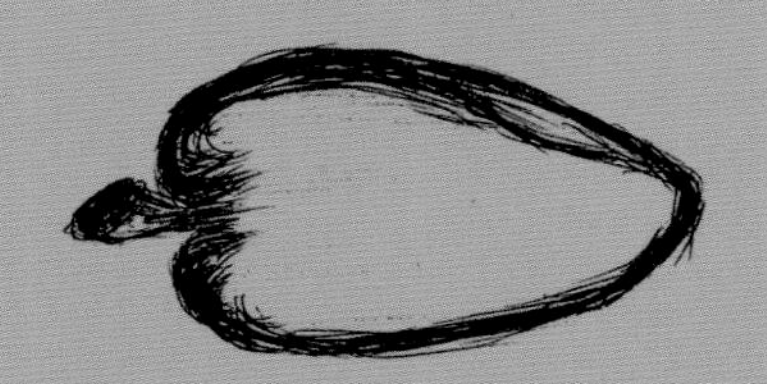

아몬드
AMANDE

계절
9월~10월(생 아몬드),
일반 견과류 아몬드는 연중 내내

고르는 요령
생 아몬드는 탱탱하고 향이 진한 것을 고른다.
이와 반대로 마른 아몬드는
단단하고 은은한 향이 나는 것이 좋다.

평균 중량
한 알당 10g 이하

보관
생 아몬드의 경우 상온에서 며칠간 보관 가능하다.
마른 견과류 아몬드는 직사광선이 들지 않는
서늘한 곳에서 일 년 내내 보관 가능하다.

어울리는 재료
바나나, 넛멕(육두구), 살구

밤
CHÂTAIGNE

계절
10월

고르는 요령
알이 무겁고 윤기가 나며 껍질와 살 사이에
공기가 차지 않고 밀착되어 탱글탱글한 것이 좋다.

평균 중량
20g

보관
냉장고 야채 칸에서 5~6일간 보관할 수 있다.
껍질을 깐 밤은 4~5일 정도 보관가능하다.

어울리는 재료
헤이즐넛, 레몬, 초콜릿

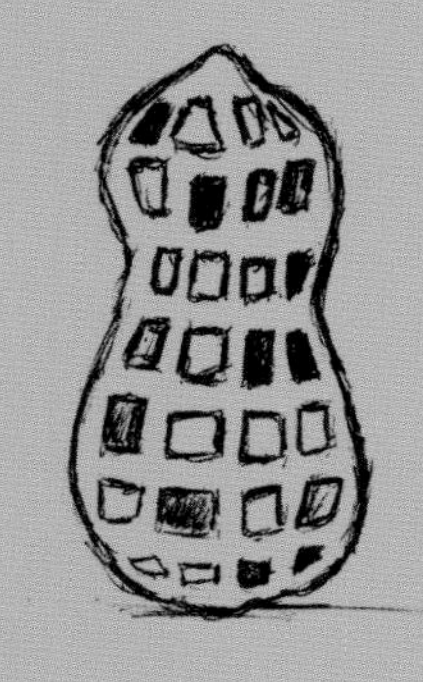

땅콩
CACAHUÈTE

계절
연중 내내

고르는 요령
땅콩 깍지가 단단하고 상처나 얼룩이 없는 것으로 고른다.

평균 중량
한 알당 10g 이하

보관
깍지째로 보관할 경우 6개월. 깍지를 깐 땅콩은 건조하고 서늘한 곳에서 3개월 정도 보관할 수 있다.

어울리는 재료
마카다미아너트, 초콜릿, 캐러멜

헤이즐넛
NOISETTE

계절
생 헤이즐넛은 9월~11월, 마른 견과류 헤이즐넛은 연중 내내

고르는 요령
생 헤이즐넛은 살이 꽉 차 껍질에 밀착되어 있는 것이 좋다. 마른 헤이즐넛은 껍질이 매끈하고 윤기가 나며, 갈라지거나 구멍이 나지 않은 것으로 고른다.

평균 중량
한 알당 10g 이하

보관
껍질을 그대로 둔 경우는 상온에서 몇 주, 또는 몇 달까지 보관 가능하다(생 헤이즐넛, 마른 헤이즐넛 모두 해당). 껍질을 깐 경우는 밀폐용기에 담아 직사광선이 들지 않는 서늘한 곳에 보관한다.

어울리는 재료
캐러멜, 꿀, 키위

호두
NOIX

계절
생 호두는 10월~11월, 마른 호두는 연중 내내

고르는 요령
생 호두는 겉 껍질이 통통하고 막에서 떨어지지 않은 상태여야 한다. 마른 호두는 묵직하고 살이 꽉 차 있으며 구멍이 없는 것으로 고른다.

평균 중량
10g

보관
생 호두의 경우 냉장고 야채 칸에 48시간 동안 보관할 수 있다. 마른 호두는 상온에 보관한다.

어울리는 재료
꿀, 건포도, 사과

코코넛
NOIX DE COCO

계절
11월~2월

고르는 요령
흔들어 보았을 때 물 소리가 나면 신선하고 살이 맛있다는 증거다. 껍질에 곰팡이 핀 자국이 없는지 꼼꼼히 확인한다.

평균 중량
1.5kg

보관
상온 보관. 코코넛 과육과 즙은 냉장고에 넣어 며칠간 보관할 수 있다.

어울리는 재료
망고, 말리부 럼(Malibu®), 화이트 초콜릿

피칸
NOIX DE PÉCAN

계절
9월~11월에 재배되며, 연중 내내 소비된다.

고르는 요령
껍질이 통통하며 과실이 막에서 떨어지지 않은 상태여야 한다.

평균 중량
10g

보관
껍질째 보관하는 것이 좋다. 껍질을 깐 경우에는 냉장고에 보관한다.

어울리는 재료
캐러멜, 오렌지, 바나나

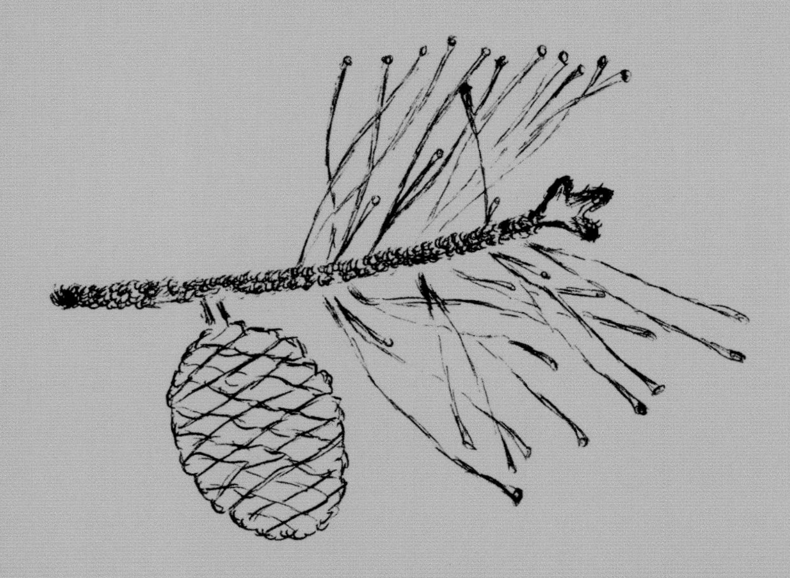

잣
PIGNON DE PIN

계절
연중 내내

고르는 요령
단단한 것으로 고른다.

평균 중량
한 알당 10g 이하

보관
밀폐용기에 넣어 건조하고 서늘한 곳에서
며칠간 보관할 수 있다.

어울리는 재료
건포도, 사과, 누가

피스타치오
PISTACHE

계절
9월~11월에 재배되며, 연중 내내 소비된다.

고르는 요령
과실이 익으려면 완전히 건조되어야 한다.
다 익으면 껍질이 터져 벌어진다.

평균 중량
한 알당 10g 이하

보관
껍질을 그대로 둔 채 밀폐용기에 넣어 서늘한
곳에서 몇 달간 보관할 수 있다.

어울리는 재료
체리, 살구, 딸기

준비 : 1 시간 30 분

10 인분

조리 : 15 분

휴지 : 1 시간 15 분

아몬드 스콘

아몬드 스콘
밀가루 (T55) 150g
밀가루 (T45) 150g
베이킹파우더 15g
버터 70g
설탕 70g
전화당 15g
우유 160g
생 아몬드 30g

아몬드 크럼블
버터 110g
설탕 75g
밀가루 (T45) 110g
아몬드 슬라이스 75g
아몬드 75g

완성 재료
달걀노른자 1개

아몬드 스콘
SCONES AMANDES

오븐을 170℃로 예열한다. 전동 스탠드 믹서 볼에 밀가루, 베이킹파우더, 버터, 설탕, 전화당을 넣고 도우훅을 돌려 반죽한다. 우유를 조금씩 넣어준다. 느린 속도로 3분간 반죽한 다음 중간 속도로 올려 2분간 더 돌린다. 아몬드를 넣고 느린 속도로 혼합한다. 반죽을 꺼내 15mm 두께로 밀어준 다음 랩으로 씌워 냉동실에 15분간 넣어 굳힌다. 지름 6cm짜리 원형 커터를 사용해 반죽을 10개의 원반형으로 잘라낸다. 냉장고에 1시간 넣어둔다.

아몬드 크럼블
CRUMBLE AMANDES

버터와 설탕, 밀가루를 손으로 비비듯이 혼합해 모래와 같이 부슬부슬한 질감을 만든다. 아몬드 슬라이스와 굵게 다진 아몬드를 넣어 섞는다.

완성하기
MONTAGE ET CUISSON

오븐을 170℃로 예열한다. 냉장고에서 스콘 반죽을 꺼내 풀어놓은 달걀노른자를 붓으로 발라 입힌다. 지름 6.5cm 무스링 안쪽 벽에 버터를 바른 뒤 베이킹 팬에 놓는다. 무스링 안에 스콘 반죽을 하나씩 넣고, 한 개당 아몬드 크럼블을 20g씩 뿌려 얹는다. 오븐에 넣고 6분간 구운 뒤, 베이킹 팬의 위치를 돌려 놓은 다음 다시 6분간 구워낸다.

SCONES AMANDE

아몬드 파리 브레스트

파트 아 슈
슈 반죽 400g (p.312 참조)

우유에 담근 아몬드
아몬드 12개
우유 120g

흰색 크럼블
버터 150g
밀가루 187g
비정제 황설탕 187g
이산화티탄 9g
칼 아몬드 60g
다진 아몬드 20g
달걀흰자 10g

버터 크림
우유 45g
달걀노른자 35g
설탕 105g
버터 200g
달걀흰자 30g
물 20g

아몬드 프랄리네
아몬드 400g
설탕 200g
물 64g
소금 (플뢰르 드 셀) 8g

아몬드 페이스트
아몬드 250g
슈거파우더 20g
소금 (플뢰르 드 셀) 2g

아몬드 크림
크렘 파티시에 300g (p.314 참조)

구운 아몬드
아몬드 100g

PARIS-BREST AMANDE

준비 : 3 시간 30 분

10 인분

조리 : 2 시간

휴지 : 4 시간

아몬드 파리 브레스트

파트 아 슈
PÂTE À CHOUX

슈 반죽을 만들어 파리 브레스트 모양으로 베이킹 팬에 짜 준비해 놓는다 (p.312 참조).

우유에 담근 아몬드
AMANDES AU LAIT

아몬드 속껍질을 벗긴다. 껍질은 버리지 말고 따로 두었다가 건조시켜 플레이팅용으로 사용한다. 껍질 벗긴 아몬드를 우유에 한 시간 담가둔다.

흰색 크럼블
CRUMBLE BLANC

전동 스탠드 믹서 볼에 버터와 밀가루, 황설탕, 이산화티탄을 넣고 플랫비터로 혼합한다. 반죽을 밀대로 0.5cm 두께가 되도록 얇게 민다. 혹은 압착 파이 롤러를 이용해도 좋다. 냉동실에 30분간 넣어 얼린다. 굵게 채 썬 칼 아몬드와 다진 아몬드를 섞어둔다. 얼려둔 크럼블 반죽에 달걀흰자를 풀어 붓으로 바른 다음 혼합한 아몬드를 뿌린다. 유산지를 반죽 위에 한 장 얹고 파티스리용 밀대로 눌러 밀어 아몬드가 반죽에 박히도록 해준다. 지름 6cm 원형 커터로 10개의 원형을 찍어낸 다음, 지름 2cm짜리 깍지로 가운데를 찍어내 개인용 파리 브레스트의 구멍을 내준다. 지름 18cm짜리 큰 사이즈의 파리 브레스트의 경우는 중앙에 지름 12cm짜리 구멍을 내준다.

버터 크림
CRÈME AU BEURRE

소스팬에 우유를 끓인다. 볼에 달걀노른자와 설탕 45g을 넣고 거품기로 잘 혼합한 다음, 그 위에 끓는 우유를 붓는다. 잘 섞은 후 다시 소스팬으로 옮겨 담고 불에 올려 약 83°C까지 가열해 크렘 앙글레즈를 만든다. 주걱에서 흘러내리지 않고 묻어 있는 농도가 되어야 한다. 전동 믹서 볼에 버터를 넣고 이 크림을 조금씩 부어가며 와이어 휩을 돌려 크리미하게 혼합한다. 덜어내어 따로 둔 다음, 믹싱 볼을 깨끗이 씻는다. 달걀흰자를 볼에 넣고 와이어 휩을 돌려 거품을 올린다. 그동안 소스팬에 물과 나머지 설탕 60g을 넣고 가열해 시럽을 만든다. 시럽의 온도가 121°C에 달하면 거품을 올리고 있는 달걀흰자에 가늘게 부어주며 온도가 식을 때까지 계속 혼합해 이탈리안 머랭을 완성한다. 먼저 만들어둔 크림 혼합물에 이탈리안 머랭을 넣고 실리콘 주걱으로 살살 섞는다. 냉장고에 30분 넣어둔다.

아몬드 프랄리네
PRALINÉ AMANDE

오븐을 150°C로 예열한다. 베이킹 팬에 아몬드를 한 켜로 펼쳐 놓고 오븐에 넣어 30분간 로스팅한다. 소스팬에 물과 설탕을 넣고 끓여 캐러멜 색이 나고 온도가 180°C가 되면 구워 놓은 아몬드에 부어준다. 식으면 푸드 프로세서로 분쇄한 다음 전동 스탠드 믹서 볼에 넣고 플뢰르 드 셀을 넣은 뒤 플랫비터로 혼합한다.

PARIS-BREST AMANDE

아몬드 페이스트
PÂTE D'AMANDE

오븐의 온도를 180°C로 올린다. 아몬드를 베이킹 팬에 펼쳐 놓고 오븐에 넣어 15~20분간 로스팅한다. 블렌더에 아몬드와 슈거파우더, 플뢰르 드 셀을 넣고 강한 속도로 갈아 고운 페이스트를 만든다.

아몬드 크림
CRÈME AMANDE

크렘 파티시에를 만들어 (p.314 참조) 냉장고에 30분간 넣어둔다. 거품기로 크렘 파티시에를 매끈하게 풀어준 다음 아몬드 프랄리네 45g과 아몬드 페이스트를 넣는다. 남은 분량의 프랄리네는 마지막 완성 단계에서 사용한다. 버터 크림을 거품기로 잘 저어 매끈하게 풀어준 다음 혼합물에 넣고 잘 섞는다. 용기에 담아 냉장고에 1시간 넣어둔다.

구운 아몬드
AMANDES TORRÉRIÉES

오븐을 150°C로 예열한다. 베이킹 팬에 아몬드를 펼쳐 놓고 오븐에 넣어 골고루 색이 날 때까지 약 15분간 로스팅한다.

완성하기
MONTAGE

오븐의 온도를 180°C로 올린다. 파리 브레스트 슈 반죽 위에 잘라놓은 크럼블을 얹는다. 슈거파우더를 뿌린 후 180°C의 컨벡션 오븐에 넣어 40분간 굽는다. 컨벡션 오븐의 온도를 160°C로 낮춘 뒤 10분간 더 구워 건조시킨다. 꺼내서 식힌 다음 파리 브레스트를 가로로 이등분한다. 슈의 아랫부분 안쪽을 잘 눌러 다듬어준 다음 별 모양 깍지를 끼운 짤주머니에 아몬드 크림을 넣고 작은 회오리 모양을 그리며 빙 둘러 짜준다. 아몬드 프랄리네를 6군데에 점을 찍듯 얹고, 구운 아몬드를 얹어 놓는다. 무스링이나 원형 커터를 사용해 슈의 윗부분을 원형으로 깔끔하게 잘라 다듬은 후, 위에 덮어준다. 구운 아몬드와 아몬드 껍질, 우유에 담가두었던 아몬드를 고루 얹어 완성한다.

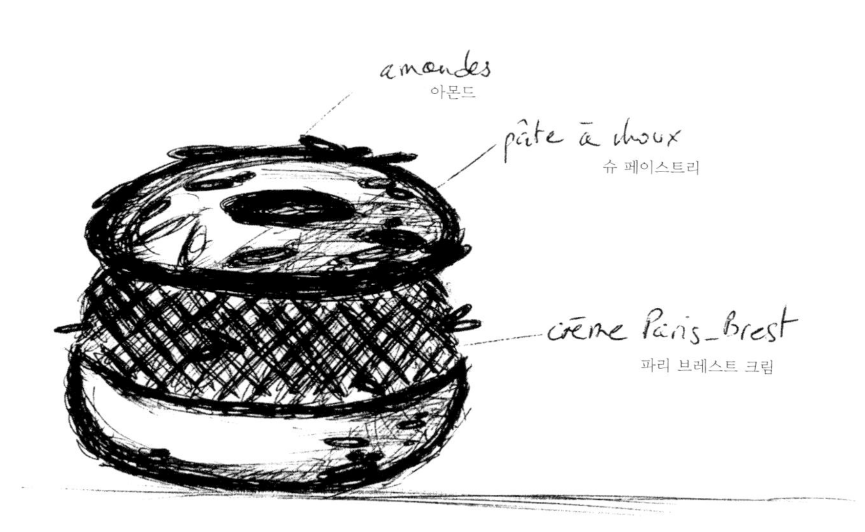

아몬드 에클레어

에클레어

흰색 크럼블 (p.318 참조)
크럼블 반죽 350g
이산화티탄 9g

흰색 전분 글라사주
흰색 전분 글라사주 300g

아몬드 샹티이

아몬드 페이스트 (Lubeca®) 65g
아몬드 밀크 30g
생크림 (crème liquide) 400g

아몬드 프랄리네

물 38g
설탕 104g
아몬드 200g
포도씨유

아몬드 페이스트

아몬드 250g
슈거파우더 25g
소금 (플뢰르 드 셀) 2g

완성 재료

식용 은박 스프링클
껍질 벗긴 아몬드 반으로 쪼갠 것 40개

에클레어
ÉCLAIRS

당일. 슈 반죽으로 에클레어를 만들고 (p.318 참조) 흰색 크럼블을 덮어 180°C 오븐에서 20분간 굽는다. 오븐 온도를 160°C로 낮춘 후 다시 15분간 구워 건조시킨다. 흰색 글라사주를 만들어 놓는다 (p.319 참조).

아몬드 샹티이
CHANTILLY AMANDE

전동 스탠드 믹서 볼에 아몬드 페이스트와 아몬드 밀크를 넣고 플랫비터를 돌려 혼합한다. 생크림 200g을 조금씩 넣어주며 계속 혼합한다. 혼합물을 스크래퍼나 실리콘 주걱으로 긁어 한쪽 끝으로 모은 뒤 핸드블렌더로 갈아준다. 나머지 생크림을 넣고 다시 핸드블렌더로 갈아 혼합한다. 8mm 원형 깍지를 끼운 짤주머니에 채워 넣은 다음 냉장고에 1시간 보관한다.

아몬드 프랄리네
PRALINÉ AMANDE

오븐을 170°C로 예열한다. 소스팬에 물과 설탕을 넣고 110°C가 될 때까지 가열한다. 아몬드를 오븐에 넣어 20분간 로스팅한 다음 시럽에 넣고 섞어준다. 처음에는 모래 질감처럼 설탕이 뭉쳐 굳으며 달라붙는데, 이것이 녹아 밝은색의 캐러멜이 될 때까지 잘 섞으며 계속 가열한다. 실리콘 패드 위에 쏟아 식힌 다음 작은 푸드 프로세서로 약간 알갱이가 남는 상태가 될 때까지 분쇄한다. 필요하면 포도씨유를 조금 넣어 프랄리네의 농도를 조절한다. 8mm 원형 깍지를 끼운 짤주머니에 채워둔다.

아몬드 페이스트
PÂTE D'AMANDE

오븐의 온도를 180°C로 올린다. 아몬드를 베이킹 팬에 펼쳐 놓고 오븐에 넣어 15~20분간 로스팅한다. 블렌더에 아몬드와 슈거파우더, 플뢰르 드 셀을 넣고 강한 속도로 갈아 고운 페이스트를 만든다.

완성하기
MONTAGE ET FINITIONS

뾰족한 칼끝을 이용해 에클레어 슈 바닥 면에 4개의 구멍을 뚫은 후 가볍게 휘핑한 아몬드 샹티이 크림과 프랄리네를 채워 넣는다. 흰색 글라사주 혼합물을 전자레인지에 데워 27°C로 만든다. 에클레어 윗부분을 글라사주 혼합물에 재빨리 담갔다 뺀 다음 손으로 매끈하게 다듬는다. 냉장고에 몇 분간 넣어 굳힌다. 서빙 바로 직전에 식용 은박 스프링클과 반으로 쪼갠 아몬드 5조각을 얹어 장식한다.

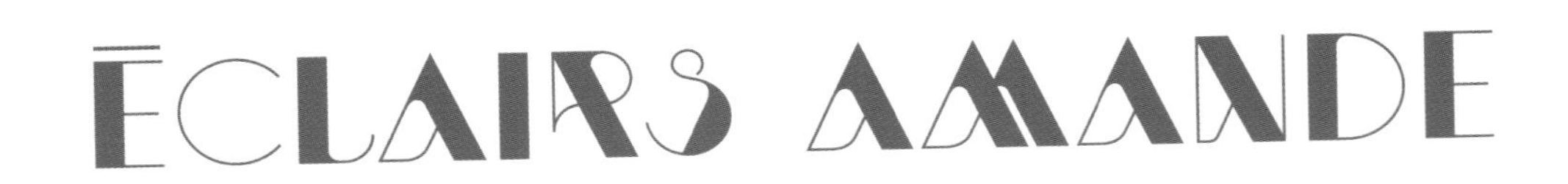

준비 : 2 시간

조리 : 1 시간 15분

8 인분

휴지 : 2 시간 30분

준비 : 3 시간

6 인분

조리 : 40 분

휴지 : 4 일

아몬드 갈레트

파트 피유테 앵베르세

뵈르 마니에 (beurre manié)
밀가루 (T45) 225g
밀가루 (T55) 225g
엑스트라 드라이 버터 (beurre sec) 900g

데트랑프 (détrempe)
물 180g
흰 식초 3g
소금 (플뢰르 드 셀) 20g
밀가루 (T55) 420g
엑스트라 드라이 버터 (beurre sec) 140g

구운 아몬드 크림

아몬드 가루 80g
버터 64g
슈거파우더 50g
커스터드 분말 11g
달걀 47g
아몬드 밀크 35g
생크림 113g

완성 재료

아몬드 페이스트 (Lubeca®) 50g
로스팅한 칼 아몬드 40g
달걀노른자 1개

셰프의 팁

아몬드 크림은 항상 매끈하고 부드러운 상태를 유지해야 한다. 모든 재료를 같은 온도와 비슷한 질감인 상태로 사용하는 것이 좋다. 크림이 굳은 경우에는 토치로 살짝 가열해 매끈하게 만들어준 다음 사용한다.

파트 피유테 앵베르세
PÂTE FEUILLETÉE INVERSÉE

뵈르 마니에 (Beurre manié)

4일 전. 전동 스탠드 믹서 볼에 두 종류의 밀가루를 넣고 플랫비터로 혼합한 다음 버터를 넣어 완전히 균일한 반죽이 되도록 섞는다. 단, 반죽에 탄력이 생기면 안 되므로 너무 오래 치대지 말아야 한다.

데트랑프 (Détrempe)

물과 식초에 소금을 넣어 완전히 녹인 뒤 전동 스탠드 믹서 볼에 넣는다. 여기에 밀가루와 상온의 엑스트라 드라이 버터를 넣고 도우훅으로 균일한 반죽이 되도록 혼합한다. 단, 너무 많이 치대 반죽하지 않는다.

뵈르 마니에와 데트랑프 반죽을 만든 다음 모두 냉장고에 2시간 동안 넣어 휴지시킨다. 뵈르 마니에를 데트랑프 반죽보다 10분 먼저 냉장고에서 꺼내 두어, 이 둘의 경도와 질감이 동일한 상태에서 작업할 수 있도록 준비한다. 뵈르 마니에를 3mm 두께로 밀어 편다. 뵈르 마니에로 데트랑프를 덮어 감싸준다. 3절 밀어접기를 2회 한 다음 냉장고에 하루 동안 넣어둔다. 밀어접기 과정을 총 4회 더 해주는데, 이때 매 2회마다 냉장고에 하루 동안 넣어 휴지시킨다.

구운 아몬드 크림
CRÈME D'AMANDES TORRÉFIÉES

당일. 오븐을 180°C로 예열한다. 베이킹 팬에 아몬드 가루를 펼쳐 놓고 예열된 오븐에 넣어 30분간 로스팅한다. 꺼내서 상온으로 식힌다. 소스팬에 버터 분량의 반을 넣고 갈색이 날 때까지 (beurre noisette) 가열한 다음 식힌다. 전동 스탠드 믹서 볼에 갈색 버터를 넣고 나머지 반의 버터도 넣은 다음 플랫비터를 돌려 혼합한다. 슈거파우더, 커스터드 분말, 로스팅한 아몬드 가루를 차례대로 넣어가며 계속 돌린다. 달걀을 조금씩 넣은 다음 아몬드 밀크도 넣고 계속 돌려 매끈하고 균일한 혼합물을 만든다. 생크림을 휘핑한 다음 이 아몬드 크림에 넣고 주걱으로 돌리듯이 섞어준다.

완성하기
MONTAGE ET FINITIONS

푀유타주 반죽을 밀어 각각 지름 18cm와 지름 20cm의 원반 모양으로 잘라낸다. 작은 원반 위에 아몬드 페이스트 50g, 아몬드 크림 150g, 구운 칼 아몬드 40g, 아몬드 크림 130g을 순서대로 펴 바른다. 반죽 가장자리에 달걀노른자를 발라준 다음, 20cm짜리 큰 원반을 덮어준다. 손가락으로 가장 자리를 꼼꼼히 눌러 붙인다. 지름 16cm짜리 원형 틀로 갈레트를 찍어 잘라낸 다음 뒤집는다. 달걀노른자를 붓으로 한 번 발라준 뒤 건조시킨다. 다시 한 번 달걀노른자를 바른 다음 중앙에서 바깥으로 곡선 무늬를 내준다. 180°C오븐에 넣어 10분, 오븐의 온도를 160°C로 내린 후 다시 30분간 굽는다.

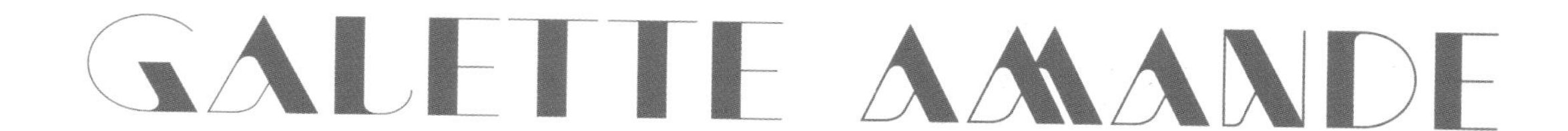

밤 타르틀레트

타르틀레트 시트
파트 쉬크레 590g (p.312 참조)
달걀노른자 100g
생크림 (crème liquide) 25g

밤 아몬드 크림
아몬드 크림 300g (p.314 참조)
밤 페이스트 150g
설탕에 졸인 밤 콩피 75g

밤 스모크 크림
밤 페이스트 150g
밤 크림 150g
건초

레몬 젤
체에 거르지 않은 생 레몬 즙 380g
물 127g
설탕 25g
한천 10g

밤 에스푸마
생크림 300g

완성 재료
헤이즐넛 프랄리네 250g (p.316 참조)
밤 칩 (p.316 참조)

타르틀레트 시트
FONDS DE TARTELETTES

하루 전날. 파트 쉬크레를 만들어 타르틀레트 틀에 앉힌 다음 (p.312 참조), 냉장고에 하루 동안 넣어 표면이 꾸둑해지도록 굳힌다. 당일. 160°C로 예열한 오븐에 타르틀레트 시트를 넣어 20분간 굽는다. 달걀노른자와 생크림을 섞어 달걀물을 만든 다음 초벌구이한 타르틀레트 시트에 붓으로 발라준다. 다시 오븐에 넣어 5분간 굽는다.

밤 아몬드 크림
CRÈME AMANDE-MARRON

아몬드 크림을 만들어 밤 페이스트와 혼합한 다음 (p. 314 참조) 짤주머니에 넣는다. 구워 놓은 타르틀레트 시트에 밤 아몬드 크림을 한 켜 채운 뒤, 그 위에 밤 콩피를 놓고 콕콕 박아준다. 다시 오븐에 넣어 5분간 더 굽는다.

밤 스모크 크림
CRÈME FUMÉE AU MARRON

밤 페이스트와 밤 크림을 혼합한다. 냄비에 건초를 넣고 토치로 불을 붙인다. 밤 혼합물을 담은 용기를 냄비 안에 넣고 뚜껑을 닫아 15분간 훈연한다.

레몬 젤
GEL CITRON

레몬 즙과 물을 뜨겁게 데운 다음 한천과 섞은 설탕을 넣어준다. 2분간 끓인 다음 식힌다. 핸드블렌더로 갈아준다.

밤 에스푸마
ESPUMA MARRON

생크림과 밤 스모크 크림 200g을 섞은 뒤 핸드블렌더로 살살 갈아 혼합한다. 휘핑사이폰에 넣고, 가스 카트리지를 2개 끼운 다음 잘 흔들어 놓는다.

완성하기
MONTAGE ET FINITIONS

헤이즐넛 프랄리네를 만든다 (p.316 참조). 구워 놓은 타르틀레트 시트에 헤이즐넛 프랄리네와 레몬 젤을 채운다. 타르틀레트 맨 위에 밤 에스푸마를 짜 얹고 밤 칩 (p.316 참조)을 보기 좋게 빙 둘러 놓는다.

TARTELETTES CHÂTAIGNE

준비 : 2 시간

10 인분

조리 : 30 분

휴지 : 24 시간 + 15분

준비 : 3 시간 30 분

10 인분

조리 : 40 분

휴지 : 24 시간 + 3 시간 45 분

몽블랑

타르틀레트 시트
파트 쉬크레 590g (p.312 참조)

밤 젤 인서트
우유 550g
설탕 35g
달걀노른자 90g
설탕에 졸인 밤 콩피 조각 225g
밤 페이스트 360g

밤 크렘 파티시에
크렘 파티시에 250g (p.314 참조)
밤 크림 10g
밤 페이스트 10g

밤 크림
판 젤라틴 4g
초고온 멸균 생크림 (crème UHT) 240g
달걀노른자 100g
설탕 50g
마스카르포네 500g
밤 페이스트 (Agrimontana®) 400g

달걀물
달걀노른자 100g
생크림 (crème liquide) 25g

밤 아몬드 크림
아몬드 크림 150g (p.314 참조)
밤 페이스트 75g
설탕에 졸인 밤 콩피 60g

레몬 젤
체에 거르지 않은 생 레몬 즙 380g
물 127g
설탕 25g
한천 10g

완성 재료
초콜릿 코팅 300g (p.317 코팅하기 참조)
헤이즐넛 프랄리네 200g (p.316 참조)

밤 혼합물
밤 페이스트 150g
밤 크림 150g

슈거파우더
설탕에 졸인 밤 콩피 10조각

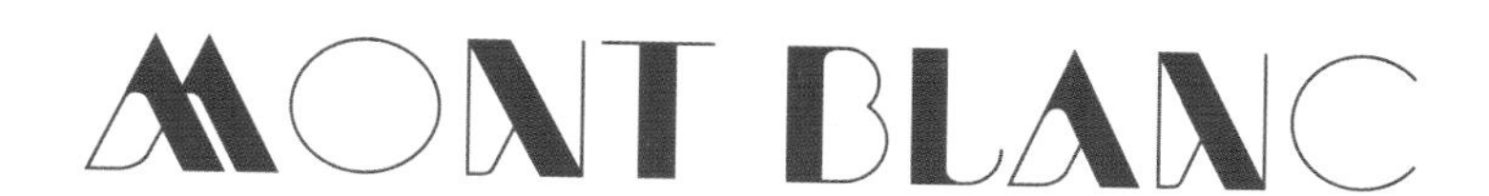

몽블랑

타르틀레트 시트
FONDS DE TARTELETTES

하루 전날. 파트 쉬크레를 만들어 타르틀레트 틀에 앉힌 다음 (p.312 참조), 냉장고에 하루 동안 넣어 표면이 꾸둑해지도록 굳힌다.

밤 젤 인서트
INSERT GEL MARRON

당일. 우유를 뜨겁게 데우고 설탕 분량의 1/3을 넣는다. 달걀노른자와 나머지 분량의 설탕을 색이 연해지도록 거품기로 잘 혼합한다. 설탕을 녹인 뜨거운 우유를 여기에 부어 혼합한 뒤 다시 전부 우유 냄비로 옮겨 담고 약 83℃까지 가열한다. 크렘 앙글레즈와 같이 주걱으로 떠서 손가락으로 긁었을 때 흐르지 않고 그대로 자국이 남는 상태 (à la nappe)의 농도가 되어야 한다. 밤 콩피를 살짝 헹구어 너무 많이 묻은 설탕을 제거한 다음, 밤 페이스트와 함께 뜨거운 크렘 앙글레즈에 넣어준다. 핸드블렌더로 갈아 혼합한 다음, 지름 3.5cm 크기의 반구형 실리콘 틀에 채워 넣는다. 냉동실에 1시간 동안 넣어 얼린다.

밤 크렘 파티시에
CRÈME PÂTISSIÈRE MARRON

크렘 파티시에를 만든다 (p.314 참조). 이때, 마지막에 마스카르포네 대신 밤 크림과 밤 페이스트를 넣는다. 냉장고에 30분간 넣어둔다.

밤 크림
CRÈME DE MARRON

젤라틴을 분량 외 찬물에 담가 20분간 불린다. 생크림을 뜨겁게 데운다. 달걀노른자와 설탕을 거품기로 잘 휘저어 혼합해 색이 연해지면 뜨거운 생크림을 붓고 잘 섞은 뒤 다시 냄비로 옮겨 담아 크렘 앙글레즈와 마찬가지로 83℃가 될 때까지 가열한다. 여기에 물을 꼭 짠 젤라틴을 넣고 잘 섞은 뒤, 마스카르포네, 밤 크렘 파티시에, 밤 페이스트 혼합물에 붓는다. 핸드블렌더로 갈아 혼합한 뒤 냉장고에 1시간 동안 넣어둔다.

돔 모양 만들기
MONTAGE DES DÔMES

차가운 밤 크림을 거품기로 풀어준 다음 지름 4.5cm 크기의 반구형 실리콘 틀에 채워 넣는다. 가운데 밤 젤 인서트를 하나씩 넣고 밤 크림으로 덮어 매끈하게 한 다음 냉동실에 3시간 동안 넣어 얼린다. 마지막 완성에 필요한 만큼의 밤 크림은 남겨 놓아야 한다.

달걀물 입히기
DORURE

당일. 160℃로 예열한 오븐에 타르트 시트를 넣어 20분간 굽는다. 달걀노른자와 생크림을 섞어 달걀물을 만든 다음 초벌구이한 타르트 시트에 붓으로 발라준다. 다시 오븐에 넣어 5분간 굽는다.

밤 아몬드 크림
CRÈME AMANDE-MARRON

아몬드 크림을 만들어 (p.314 참조) 밤 페이스트와 섞은 다음 짤주머니에 넣고 타르틀레트 시트에 짜 넣는다. 그 위에 밤 콩피 조각을 박아 넣는다. 다시 오븐에 넣어 15분간 구운 뒤 식힌다.

레몬 젤
GEL CITRON

레몬 즙과 물을 뜨겁게 데운 다음, 한천과 혼합한 설탕을 넣어준다. 2분간 끓인 뒤 식힌다. 핸드 블렌더로 갈아 혼합한다.

완성하기
MONTAGE ET FINITIONS

돔 모양 베이스가 얼면 틀에서 분리한다. 반구형의 꼭대기 부분에 밤 크림을 뾰족하게 더 얹고 매끈하게 연결해 높은 원뿔형의 몽블랑 형태를 만든다. 코팅 혼합물을 만들어 (p.317 참조), 몽블랑의 표면에 입힌다. 냉장고에 넣어둔다.

타르틀레트 시트가 식으면 밤 크림과 헤이즐넛 프랄리네, 레몬 젤을 채워 넣는다. 표면을 마블링하듯 매끈하게 정리한 다음 각 타르틀레트 위에 돔 모양을 하나씩 얹는다. 밤 크림과 밤 페이스트를 혼합한 다음 가는 국수 모양으로 나오도록 구멍이 뚫린 깍지 (douille vermicelle)를 끼운 짤주머니에 넣는다. 돔 위로 보기 좋게 짜 덮어준다. 자동으로 돌아가는 턴 테이블을 사용하면 더욱 편리하다. 마지막에 슈거파우더를 뿌리고 맨 꼭대기에 밤 콩피를 얹어 완성한다.

준비 : 3 시간

8 인분

조리 : 1 시간

휴지 : 24 시간 + 4 시간 30 분

밤, 헤이즐넛, 레몬

밤 아이스크림
우유 550g
설탕 35g
달걀노른자 90g
설탕에 졸인 밤 콩피 조각 225g
밤 페이스트 180g

밤 크렘 파티시에
크렘 파티시에 250g (p.314 참조)
밤 크림 10g
밤 페이스트 10g

밤 크림
판 젤라틴 4g
초고온 멸균 크림 (crème UHT) 240g
달걀노른자 100g
설탕 50g
마스카르포네 500g
밤 페이스트 200g

헤이즐넛 프랄리네
헤이즐넛 250g
설탕 200g
물 75g

밤 튀일
밤 페이스트 250g
밤 크림 250g

머랭 수플레
달걀흰자 125g
설탕 125g
슈거파우더 125g
무가당 코코아 가루 30g

밤 스모크 크림
밤 페이스트 150g
밤 크림 150g

레몬 젤
체에 거르지 않은 생 레몬 즙 380g
물 127g
설탕 25g
한천 10g

완성 재료
밀크 초콜릿 코팅 300g (p.317 코팅하기 참조)
헤이즐넛 몇 개
레몬 과육 세그먼트 몇 조각
밤 칩 (p.316 참조)

MARRON, NOISETTE & CITRON

밤, 헤이즐넛, 레몬

밤 아이스크림

GLACE MARRON

하루 전날. 우유를 뜨겁게 데우고 설탕 분량의 반을 넣는다. 달걀노른자와 나머지 분량의 설탕을 색이 연해지도록 거품기로 저어 혼합한다. 설탕을 녹인 뜨거운 우유를 여기에 부어 혼합한 뒤 다시 전부 우유 냄비로 옮겨 담고 약 83°C까지 가열한다. 크렘 앙글레즈와 같이 주걱으로 떠서 손가락으로 긁었을 때 흐르지 않고 그대로 자국이 남는 상태의 농도가 되어야 한다. 밤 콩피를 살짝 헹구어 너무 많이 묻은 설탕을 제거한 다음, 밤 페이스트와 함께 뜨거운 크렘 앙글레즈에 넣어준다. 핸드블렌더로 갈아 혼합한 다음, 냉장고에 하루 동안 넣어둔다.

당일. 아이스크림 제조기에 넣어 돌린다.

밤 크렘 파티시에

CRÈME PÂTISSIÈRE MARRON

크렘 파티시에를 만든다 (p.314 참조). 이때, 마지막에 마스카르포네 대신 밤 크림과 밤 페이스트를 넣는다. 냉장고에 30분간 넣어둔다.

밤 크림

CRÈME DE MARRON

젤라틴을 분량 외 찬물에 담가 20분간 불린다. 생크림을 뜨겁게 데운다. 달걀노른자와 설탕을 거품기로 잘 휘저어 혼합해 색이 연해지면 뜨거운 생크림을 붓고 잘 섞은 뒤 다시 냄비로 옮겨 담아 크렘 앙글레즈와 마찬가지로 83°C가 될 때까지 가열한다. 여기에 물을 꼭 짠 젤라틴을 넣고 잘 섞은 뒤, 마스카르포네, 밤 크렘 파티시에, 밤 페이스트 혼합물에 부어준다. 핸드블렌더로 갈아 혼합한 뒤 냉장고에 1시간 동안 넣어둔다.

헤이즐넛 프랄리네

PRALINÉ NOISETTE

150°C로 예열한 오븐에 헤이즐넛을 넣고 30분간 로스팅한다. 설탕과 물을 120°C까지 끓여 캐러멜을 만든 다음 헤이즐넛을 넣는다. 꽤 진한 색이 날 때까지 캐러멜라이즈한 다음 실리콘 패드 위에 덜어 넓게 펼쳐 놓는다. 식으면 푸드 프로세서에 넣고 프랄리네 질감이 되도록 갈아준다.

돔 모양 만들기

MONTAGE DES DÔMES MARRON

차가운 밤 크림을 거품기로 풀어준 다음 짤주머니에 넣고, 지름 3.5cm 크기의 반구형 실리콘 틀에 채워 넣는다. 중앙에 헤이즐넛 프랄리네를 넣어준다. 냉동실에 3시간 넣어둔다.

MARRON, NOISETTE & CITRON

밤 튀일

TUILES DE MARRON

오븐을 180℃로 예열한다. 전동 스탠드 믹서 볼에 밤 페이스트와 밤 크림을 넣고 플랫비터로 혼합한다. 일부를 덜어서 베이킹 팬이나 실리콘 패드에 밤 껍질 모양으로 아주 얇게 듬성듬성 펴 놓는다. 나머지는 40 x 60cm 크기의 베이킹 팬에 펴 놓은 다음 오븐에서 15분간 굽는다. 이것을 푸드 프로세서에 분쇄해 로스팅한 밤 파우더를 만든다.

머랭 수플레

MERINGUE SOUFFLÉE

전동 스탠드 믹서 볼에 달걀흰자를 넣고 와이어 휩으로 돌려 거품을 올린다. 설탕을 넣어가며 계속 돌려 단단한 머랭을 만든 다음, 슈거파우더를 넣고 실리콘 주걱으로 잘 섞는다. 원형 깍지 (12호)를 끼운 짤주머니에 넣고 실리콘 패드 위에 동그란 작은 공 모양으로 짜준다.
맨 위의 뾰족한 부분은 물에 적신 가위로 잘라 동그랗게 마무리한다. 로스팅한 밤 파우더 25g과 코코아 가루를 뿌리고 120℃ 오븐에서 25분간 굽는다.

밤 스모크 크림

CRÈME FUMÉE AU MARRON

밤 페이스트와 밤 크림을 혼합한다. 냄비에 건초를 넣고 토치로 불을 붙인다. 밤 혼합물을 담은 용기를 냄비 안에 넣고 뚜껑을 닫아 15분간 훈연한다. 꺼내서 크림을 짤주머니에 채워 넣는다.

레몬 젤

GEL CITRON

레몬 즙과 물을 뜨겁게 데운 다음, 한천과 혼합한 설탕을 넣어준다. 2분간 끓인 뒤 식힌다.
공기가 많이 주입되지 않도록 주의하면서, 핸드블렌더로 갈아 혼합한다.

완성하기

MONTAGE ET FINITIONS

돔 모양의 베이스가 얼면 틀에서 분리한다. 밀크 초콜릿 코팅을 만들어 (p.317 참조) 돔 모양 표면에 입힌다. 그 위에 헤이즐넛을 갈아 뿌려 나뭇결 같은 질감을 표현한다. 접시에 밤 스모크 크림과 레몬 젤을 깔고 레몬 과육 세그먼트를 놓는다. 머랭에 밤 아이스크림을 채우고 그 위에 돔 모양을 얹는다. 아이스크림을 크넬 모양으로 보기 좋게 담고 밤 칩 (p.316 참조)과 반으로 쪼갠 헤이즐넛, 작게 부순 밤 껍질 모양의 튀일을 곁들여 서빙한다.

준비 : 2 시간

10 인분

조리 : 30 분

휴지 : 12 시간 + 6 시간 15 분

땅콩 페이스트리 롤

피유타주

밀가루 (T45) 315g
밀가루 (T55) 315g
물 340g
달걀노른자 15g
우유 분말 40g
설탕 15g
이스트 25g
소금 15g
데트랑프용 버터
(beurre pour la détrempe) 40g
피유타주 밀어접기용 버터
(beurre de tourage) 250g

땅콩 소 만들기

볶은 땅콩 250g
땅콩 페이스트 (피넛 버터) 75g
전분 5g
물 175g
유기농 갈색 설탕 75g
설탕 75g

완성 재료

달걀노른자 1개

피유타주
FEUILLETAGE

하루 전날. 전동 스탠드 믹서 볼에 밀가루, 물, 달걀노른자, 우유 분말, 설탕, 이스트, 소금, 버터를 넣고 도우훅으로 데트랑프 반죽을 한다. 저속으로 6분 정도 반죽한다. 반죽을 큰 직사각형 모양으로 민 다음, 유산지를 깐 베이킹 팬에 놓고 냉장고에 12시간 동안 넣어 휴지시킨다.

당일. 피유타주 밀어접기용 버터 덩어리를 밀대로 두드려 데트랑프 반죽과 폭은 같고, 길이는 반이 되도록 넓적하게 만든다. 차가운 데트랑프 반죽 가운데 버터를 놓고 양쪽 끝을 가운데로 모아 접어 버터를 완전히 감싸 밀봉한 다음, 2cm 두께로 다시 길게 민다. 반죽을 세 겹으로 접은 뒤 냉장고에 2시간 넣어 휴지시킨다. 같은 방법으로 두 번 더 반복해 총 3회의 3절 밀어접기 과정을 마친다. 매번 밀어접기가 끝나면 반드시 2시간씩 냉장고에 넣어 휴지시킨다.

땅콩 소 만들기
MASSE À FOURRER CACAHUÈTE

전동 스탠드 믹서 볼에 곱게 간 땅콩, 땅콩 버터, 전분, 물, 설탕을 넣고 플랫비터를 돌려 균일한 페이스트가 되도록 혼합한다.

완성하기
MONTAGE ET FINITIONS

오븐을 170°C로 예열한다. 피유타주 반죽을 3mm 두께로 민 다음, 땅콩 소 375g을 끝자락 2cm 정도를 남기고 고루 펼쳐 발라준다. 김밥을 말듯이 단단히 돌돌 말아준다. 냉동실에 15분간 넣어 굳힌 다음, 4cm 폭으로 동글게 잘라준다. 안쪽 벽에 유산지를 두른 지름 10cm짜리 무스링에 반죽을 하나씩 넣고 달걀노른자를 풀어 발라준다. 170°C 오븐에서 15분간 굽고, 베이킹 팬의 위치를 한 번 돌려준 다음 다시 15분간 구워낸다.

ROULÉS CACAHUÈTE

땅콩 쿠키

크리미 캐러멜

크림 200g
우유 50g
글루코즈 시럽 (물엿) 155g
바닐라 빈 1줄기
소금 (플뢰르 드 셀) 2g
설탕 95g
버터 70g

쿠키 반죽

버터 120g
땅콩 페이스트 (피넛 버터) 70g
비정제 황설탕 190g
설탕 140g
소금 4g
달걀 94g
밀가루 (T55) 370g
베이킹소다 8g

캐러멜라이즈드 피넛

물 25g
설탕 85g
구운 가염 땅콩 250g
포도씨유 8g

곱게 간 땅콩 프랄리네

설탕 130g
물 45g
땅콩 250g

크리미 캐러멜
CARAMEL ONCTUEUX

소스팬에 크림, 우유, 물엿 100g, 길게 갈라 긁은 바닐라 빈, 소금을 넣고 뜨겁게 데운다. 설탕과 나머지 물엿을 185℃까지 가열해 캐러멜 색이 나면 뜨거운 우유 혼합물을 넣어 잘 섞는다. 105℃까지 끓인 다음 체에 거른다. 온도가 70℃까지 식으면 버터를 넣는다. 핸드블렌더로 갈아 혼합한 다음 냉장고에 3시간 동안 넣어 식힌다.

쿠키 반죽
PÂTE À COOKIES

버터와 땅콩 페이스트, 두 종류의 설탕, 소금을 섞은 뒤 달걀을 넣어 혼합한다. 밀가루와 베이킹소다를 섞어 혼합물에 넣어준다. 한 개당 약 35g 정도로 동글게 빚은 뒤 냉장고에 1시간 넣어둔다.

캐러멜라이즈드 피넛
ÉCLATS DE CACAHUÈTES CARAMÉLISÉES

오븐을 170℃로 예열한다. 땅콩을 베이킹 팬에 펼쳐 놓고 오븐에 넣어 10분간 로스팅한다. 동냄비에 물과 설탕을 넣고 110℃까지 가열한다. 구운 땅콩을 시럽에 넣고 섞는다. 처음엔 설탕이 모래 질감처럼 굳다가 점점 캐러멜라이즈화 한다. 땅콩에 캐러멜이 골고루 입혀지면 대리석 작업대나 기름을 살짝 발라 놓은 도마에 덜어 펼쳐놓고 식힌다. 땅콩을 굵직하게 칼로 자른다.

곱게 간 땅콩 프랄리네
PRALINÉ CACAHUÈTE LISSE

설탕과 물을 100℃까지 끓여 시럽을 만든다. 땅콩을 170℃ 오븐에서 8~10분 로스팅한 다음 시럽에 넣고 섞는다. 처음엔 설탕이 모래 질감처럼 굳다가 점점 캐러멜라이즈화 한다. 완전히 캐러멜라이즈 되면 실리콘 패드나 유산지 위에 덜어낸 다음 식힌다. 푸드 프로세서에 갈아 매끈하고 고운 프랄리네를 만든다.

굽기
CUISSON

베이킹 팬에 유산지를 깔고 동그랗게 빚어둔 쿠키 반죽을 놓은 다음 살짝 눌러준다. 캐러멜라이즈드 피넛 조각을 위에 얹고 165℃로 예열한 오븐에서 5분간 굽는다. 오븐에서 꺼낸 뒤 짤주머니로 프랄리네를 3군데 점점이 짜 얹고 다시 오븐에서 2분간 구워낸다. 굽는 마지막 단계에 짤주머니로 크리미 캐러멜을 3군데 짜 얹어 살짝 녹게 한다. 오븐에서 꺼낸 뒤 식으면 프랄리네를 3군데 더 짜 얹고 보기 좋은 모양의 캐러멜라이즈드 피넛을 얹어 완성한다.

COOKIES CACAHUÈTE

준비 : 2 시간

10 인분

조리 : 30 분

휴지 : 4 시간

준비 : 3 시간 30 분

10 인분

조리 : 50 분

휴지 : 2 시간

헤이즐넛 파리 브레스트

파트 아 슈
슈 반죽 400g (p.312 참조)

헤이즐넛 크럼블
버터 100g
밀가루 110g
비정제 황설탕 125g
무가당 코코아 가루 15g
달걀흰자 30g
껍질을 벗기지 않은 통 헤이즐넛 50g

헤이즐넛 페이스트
구운 헤이즐넛 250g (p.317 참조)
슈거파우더 13.5g
소금 (플뢰르 드 셀) 0.5g

헤이즐넛 프랄리네 크림
크렘 파티시에 500g (p.314 참조)
헤이즐넛 프랄리네 100g (p.316 참조)
헤이즐넛 페이스트 50g
버터 크림 500g (p.314 참조)

완성 재료
슈거파우더
구운 헤이즐넛 100g (p.317 참조)

파트 아 슈
PÂTE À CHOUX

슈 반죽을 만들어 파리 브레스트 모양으로 베이킹 팬에 짜 준비해 놓는다. (p.312 참조).

헤이즐넛 크럼블
CRUMBLE NOISETTE

전동 스탠드 믹서 볼에 버터와 밀가루, 황설탕, 코코아 가루를 넣고 플랫비터로 혼합한다. 반죽을 0.5cm 두께로 얇게 민 다음 냉동실에 30분간 넣어둔다. 얼려둔 크럼블 반죽에 달걀흰자를 풀어 붓으로 바른 다음 굵게 다진 헤이즐넛을 뿌린다. 유산지를 반죽 위에 한 장 얹고 파티스리용 밀대로 눌러 밀어 헤이즐넛이 반죽에 박히도록 해준다. 지름 6cm 원형 커터로 10개의 원형을 찍어낸 다음, 지름 2cm짜리 깍지를 사용해 1인용 파리 브레스트의 가운데를 찍어내 구멍을 내준다. 지름 18cm짜리 큰 사이즈의 파리 브레스트의 경우는 중앙에 지름 12cm짜리 구멍을 내준다.

헤이즐넛 페이스트
PÂTE DE NOISETTE

로스팅한 헤이즐넛 (p.317 참조)을 슈거파우더와 플뢰르 드 셀과 함께 블렌더에 넣고 갈아 고운 페이스트를 만든다.

헤이즐넛 프랄리네 크림
CRÈME PRALINÉ NOISETTE

크렘 파티시에를 만들어 (p.314 참조) 매끈하게 풀어준 다음 헤이즐넛 프랄리네 (p.316 참조)와 헤이즐넛 페이스트를 넣어 섞는다. 버터 크림을 만들고 (p.314 참조), 거품기로 저어 매끈하게 풀어준 다음, 헤이즐넛 크렘 파티시에에 넣고 조심스럽게 살살 섞는다.

완성하기
MONTAGE ET FINITIONS

컨벡션 오븐을 180°C로 예열한다. 파리 브레스트 슈 반죽 위에 잘라놓은 크럼블을 얹는다. 슈거파우더를 뿌린 후 오븐에 넣어 40분간 굽는다. 오븐의 온도를 160°C로 낮춘 뒤 10분간 더 구워 건조시킨다. 꺼내서 식힌 다음 파리 브레스트를 가로로 이등분한다. 아랫 부분의 안쪽 빵 부분을 잘 눌러준 다음, 별 모양 깍지를 끼운 짤주머니에 헤이즐넛 프랄리네 크림을 넣고 작은 회오리 모양을 그리며 빙 둘러 짜준다. 헤이즐넛 프랄리네를 6군데에 점을 찍듯 얹어준다. 무스링이나 원형 커터를 사용해 슈의 윗부분을 원형으로 깔끔하게 잘라 다듬은 후 덮어준다. 구운 헤이즐넛을 얹어 장식한다.

PARIS-BREST NOISETTE

헤이즐넛 크루아상

크루아상

이스트 17g
우유 120g
밀가루 (farine de gruau) 250g
설탕 30g
우유 분말 10g
소금 4g
발효종 (르뱅) 100g
버터 67g
푀유타주 밀어접기용 버터 210g

달걀물

달걀노른자 20g
달걀흰자 5g
라벤더 꿀 5g

헤이즐넛 프랄리네

헤이즐넛 200g
설탕 100g
물 32g
소금 (플뢰르 드 셀) 4g

크루아상
CROISSANTS

하루 전날. 전동 스탠드 믹서 볼에 우유와 이스트를 넣고 잘 개어준다. 밀가루, 설탕, 우유 분말, 소금, 발효종을 넣고 도우훅으로 돌려 반죽하고, 마지막으로 버터를 넣는다. 속도 1로 4분간 돌려 반죽한 다음, 속도 2로 올려 6분간 돌린다. 냉장고에 24시간 동안 넣어 1차 발효를 시킨다.

당일. 밀대로 반죽을 큰 정사각형으로 민 다음 넓적하게 만든 밀어접기용 버터를 가운데 놓고 네 귀퉁이를 가운데로 접어 버터를 완전히 감싸 덮어준다. 밀대로 밀어 긴 직사각형 모양을 만든 다음 3절 밀어접기 (tour simple)를 한다. 반죽이 빨리 차가워지도록 밀대로 얇게 민 다음 냉동실에 15분 넣어둔다. 긴 반죽의 양 끝을 가운데 선에 맞추어 접고 다시 반으로 접는 4절 접기 (tour double)를 해준다. 다시 얇게 밀어 냉장고에 1시간 넣어둔다.

반죽을 두께 3mm로 민 다음, 밑변 6cm, 높이 22cm 크기의 삼각형 6개로 자른다. 다섯 겹이 형성되도록 삼각형을 돌돌 말아 크루아상 모양으로 만든다. 오븐을 100°C로 예열한 다음 물 한 컵을 안에 넣고 오븐을 끈다. 꺼진 상태의 오븐에 크루아상 반죽을 넣고 30분간 발효시킨다.

오븐 온도를 190°C로 올린다. 달걀노른자와 달걀흰자, 꿀을 혼합한 다음 붓으로 크루아상 표면에 발라준다. 190°C 오븐에서 6분간 굽는다. 온도를 180°C로 낮춘 뒤 다시 6분간 구워낸다.

헤이즐넛 프랄리네
PRALINÉ NOISETTE

헤이즐넛을 베이킹 팬에 펼쳐 놓고 150°C 오븐에 넣어 30분간 로스팅한다. 설탕과 물을 180°C까지 가열해 캐러멜 색이 나면 로스팅한 헤이즐넛에 부어 섞어준다. 캐러멜라이즈된 헤이즐넛을 실리콘 패드에 펼쳐 놓고 식힌다. 푸드 프로세서로 프랄리네 질감이 날 때까지 분쇄한 다음, 전동 스탠드 믹서 볼에 소금과 함께 넣고 플랫비터로 혼합해준다. 구워낸 크루아상 밑면으로 프랄리네를 채워 넣는다.

CROISSANTS NOISETTE

준비 : 1 시간 30 분

6 인분

조리 : 45 분

휴지 : 24 시간 + 1 시간 45 분

준비 : 3 시간 30 분

10 인분

조리 : 30 분

휴지 : 24 시간 + 5 시간

헤이즐넛 타르틀레트

타르틀레트 시트
파트 쉬크레 590g (p.312 참조)

헤이즐넛 휩드 가나슈
가루 젤라틴 5g
물 35g
우유 250g
구운 헤이즐넛 80g
화이트 커버처 초콜릿 (ivoire) 100g
헤이즐넛 페이스트 160g
생크림 450g

크리미 캐러멜
생크림 400g
우유 100g
글루코즈 시럽 (물엿) 310g
바닐라 빈 2줄기
소금 (플뢰르 드 셀) 4g
설탕 190g
버터 140g

캐러멜 인서트
우유 25g

달걀물
달걀노른자 100g
생크림 (crème liquide) 25g

헤이즐넛 프랄리네
헤이즐넛 150g
설탕 100g
물 30g
고운 소금 1g

헤이즐넛 아몬드 크림
아몬드 크림 150g (p.314 참조)
곱게 간 헤이즐넛 37.5g
구운 헤이즐넛 50g (p.317 참조)

완성 재료
밀크 초콜릿 코팅 혼합물 300g (p.317 코팅하기 참조)
식용 골드 파우더
구운 아몬드 잘게 부순 것 100g (p.317 참조)

TARTELETTES NOISETTE

헤이즐넛 타르틀레트

타르틀레트 시트
FONDS DE TARTELETTE

하루 전날. 파트 쉬크레를 만들어 타르틀레트 틀에 앉힌 다음 (p.312 참조), 냉장고에 하루 동안 넣어 표면이 꾸득해지도록 굳힌다.

헤이즐넛 휩드 가나슈
GANACHE MONTÉE NOISETTE

하루 전날. 젤라틴을 분량의 따뜻한 물에 섞어서 20분 정도 불린다. 우유를 뜨겁게 데운 후 구운 헤이즐넛을 넣고 핸드블렌더로 너무 곱지 않게 갈아준 다음 20분간 향을 우린다. 체에 거르고 다시 뜨겁게 데운 우유를 녹인 초콜릿 위에 부으면서 잘 혼합한다. 여기에 젤라틴을 넣고 핸드블렌더로 갈아 유화한다. 헤이즐넛 페이스트와 생크림을 넣고 다시 갈아 혼합한다. 밀폐용기에 덜어 랩을 표면에 닿게 덮어준 다음 냉장고에 하룻밤 넣어둔다.

크리미 캐러멜
CARAMEL ONCTUEUX

당일. 소스팬에 크림, 우유, 물엿 100g, 길게 갈라 긁은 바닐라 빈, 소금을 넣고 뜨겁게 데운다. 설탕과 나머지 물엿을 185°C까지 가열해 캐러멜 색이 나면 뜨거운 우유 혼합물을 붓고 잘 섞는다. 다시 105°C까지 가열한 다음 체에 거른다. 캐러멜의 온도가 70°C까지 식으면 미리 작게 잘라둔 버터를 넣는다. 핸드블렌더로 갈아 혼합한다.

캐러멜 인서트
INSERT CARAMEL

크리미 캐러멜 200g에 우유를 넣고 부드럽게 풀어준 다음 지름 3.5cm 반구형 실리콘 틀에 2/3 가량 채워 넣는다. 냉동실에 30분 동안 넣어둔다.

헤이즐넛 프랄리네
PRALINÉ NOISETTE

헤이즐넛 프랄리네를 만든 다음 (p.316 참조), 캐러멜 인서트를 넣어 반쯤 얼린 상태의 반구형 틀 빈 부분에 끝까지 채워 넣는다. 다시 냉동실에 1시간 동안 넣어 얼린다.

TARTELETTES NOISETTE

달걀물 입히기

DORURE

오븐을 160℃로 예열한 다음 타르틀레트 시트를 넣어 20분간 굽는다. 달걀노른자와 생크림을 섞어 달걀물을 만든 다음 초벌구이한 타르틀레트 시트에 붓으로 발라준다. 다시 오븐에 넣어 5분간 굽는다.

헤이즐넛 아몬드 크림

CRÈME D'AMANDE NOISETTE

아몬드 크림을 만든다 (p. 314 참조). 이때 아몬드 가루 대신 곱게 간 헤이즐넛을 넣는다. 짤주머니를 사용해, 구워 놓은 타르틀레트 시트에 헤이즐넛 아몬드 크림을 채우고 그 위에 굵게 다진 구운 헤이즐넛을 뿌려 넣는다. 160℃ 오븐에 넣어 5분간 더 굽는다.

완성하기

MONTAGE ET FINITIONS

헤이즐넛 가나슈를 거품기로 가볍게 휘핑한 다음 짤주머니에 넣고, 지름 4.5cm 크기의 반구형 실리콘 틀에 채워 넣는다. 얼려둔 인서트를 중앙에 한 개씩 넣고 가나슈로 덮어 매끈하게 마무리한 다음 냉동실에 다시 3시간 넣어둔다. 반구형 모양이 얼면 틀에서 분리한 다음 꼭대기에 가나슈를 조금 더 짜 얹어 헤이즐넛처럼 뾰족한 모양을 만들어준다. 냉동실에 30분간 넣어 굳힌다. 우유 코팅 혼합물을 만들어 (p.317 참조), 반구형 헤이즐넛을 담가 코팅한다. 철제 브러시로 표면을 조심스럽게 긁어 세로로 자연스러운 줄무늬를 내준다. 가는 붓으로 골드 파우더를 발라 입힌다. 헤이즐넛 모양을 타르틀레트 시트 위에 얹고 마지막으로 잘게 부순 구운 아몬드를 이음새 부분에 빙 둘러 붙여 완성한다.

헤이즐넛

헤이즐넛 휩드 가나슈
가루 젤라틴 5g
물 30g
우유 220g
구운 헤이즐넛 80g
(p.317 참조)
화이트 커버처 초콜릿 (ivoire)
100g
헤이즐넛 페이스트 80g
생크림 450g

크리미 캐러멜
생크림 330g
우유 85g
글루코즈 시럽 (물엿) 255g
바닐라 빈 3줄기
소금 (플뢰르 드 셀) 4g
설탕 150g
버터 115g

캐러멜 인서트
우유 80g

헤이즐넛 스펀지 비스퀴
버터 50g
헤이즐넛 페이스트 50g
달걀노른자 70g
설탕 75g
밀가루 6g
전분 6g
달걀흰자 100g
굵게 다진 헤이즐넛 25g

완성 재료
헤이즐넛 프랄리네 160g
(p.316 참조)
밀크 초콜릿 코팅 혼합물
800g (p.317 코팅하기 참조)
식용 골드 파우더
템퍼링한 다크 커버처 초콜릿
300g (p.317 참조)

헤이즐넛 휩드 가나슈
GANACHE MONTÉE NOISETTE

하루 전날. 젤라틴을 분량의 따뜻한 물에 섞어서 20분 정도 불린다. 우유를 뜨겁게 데운 후 구운 헤이즐넛을 넣고 핸드블렌더로 너무 곱지 않게 갈아준 다음 20분간 향을 우린다. 체에 걸러 다시 뜨겁게 데운 우유를 녹인 초콜릿 위에 부으면서 잘 혼합한다. 여기에 젤라틴을 넣고 핸드블렌더로 갈아 유화한다. 헤이즐넛 페이스트와 생크림을 넣고 다시 갈아 혼합한다. 밀폐용기에 덜어 랩을 표면에 닿게 덮어준 다음 냉장고에 하룻밤 넣어둔다.

크리미 캐러멜
CARAMEL ONCTUEUX

당일 아침. 소스팬에 생크림, 우유, 물엿 50g, 길게 갈라 긁은 바닐라 빈, 소금을 넣고 뜨겁게 데운다. 설탕과 나머지 물엿을 185°C까지 가열해 캐러멜 색이 나면 뜨거운 우유 혼합물을 붓고 잘 섞는다. 다시 105°C까지 가열한 다음 체에 거른다. 캐러멜의 온도가 70°C까지 식으면 버터를 넣는다. 핸드블렌더로 갈아 혼합한다.

캐러멜 인서트
INSERT CARAMEL

크리미 캐러멜 300g에 우유를 넣고 부드럽게 풀어준 다음 지름 4.5cm 반구형 실리콘 틀에 채워 넣는다. 한쪽엔 한 개당 12g, 다른 반구형 틀에는 15g씩 넣어준다. 15g씩 넣은 반구형 틀은 냉동실에 1시간 30분 동안 넣어두어 완전히 얼리고, 12g씩 채워 넣은 틀은 상온에 둔다.

헤이즐넛 스펀지 비스퀴
BISCUIT MOELLEUX NOISETTE

오븐을 175°C로 예열한다. 전동 스탠드 믹서 볼에 버터와 헤이즐넛 페이스트를 넣고 와이어 휩을 돌려 혼합한다. 달걀노른자와 설탕 25g을 색이 연해질 때까지 거품기로 저어 혼합한다. 밀가루와 전분을 합해 체에 친다. 전동 믹서 볼에 달걀흰자를 넣고 거품을 올린다. 나머지 설탕을 넣고 돌려 단단하게 거품을 만든다. 달걀노른자 설탕 혼합물을 버터 헤이즐넛 페이스트 혼합물에 넣고 섞는다. 여기에 거품 올린 달걀흰자를 넣고 살살 섞는다. 마지막으로 가루 재료를 넣고 혼합한다. 재료가 고루 섞이면 바로 혼합 동작을 멈춘다. 반죽을 베이킹 팬에 얇게 펼쳐 놓고 굵게 다진 헤이즐넛을 뿌린다. 오븐에서 13분간 구운 뒤 지름 4cm 크기 원반형으로 잘라둔다.

완성하기
MONTAGE ET FINITIONS

헤이즐넛 프랄리네를 만들어 (p.316 참조), 얼려둔 캐러멜 인서트 틀의 빈 공간에 흘려 넣는다. 원반형으로 잘라둔 스펀지 비스퀴를 얼리지 않고 상온에 두었던 반구형 인서트 틀에 넣어준다. 얼린 반구형 캐러멜 인서트를 얼리지 않은 반구형 인서트에 얹어 붙여 구형을 만든 다음 냉동실에 3시간 넣어 얼린다. 헤이즐넛 가나슈를 거품기로 가볍게 휘핑한 다음 짤주머니에 넣고, 지름 5.5cm 크기의 구형 실리콘 틀 한쪽 면에 채워 넣는다. 얼려둔 인서트를 중앙에 넣고 구형 몰드의 나머지 부분으로 덮어 가나슈를 채워 넣은 다음 냉동실에 다시 넣어 3시간 동안 얼린다. 구형 모양이 얼면 틀에서 분리한 다음 한쪽 꼭대기에 가나슈를 조금 더 짜 얹은 다음 작은 스패출러로 자연스럽게 연결해 헤이즐넛처럼 뾰족한 모양을 만들어준다. 냉동실에 30분간 넣어 굳힌다. 밀크 초콜릿 코팅 혼합물을 만들어 (p.317 참조), 헤이즐넛 모양을 담가 코팅한다. 철제 브러시로 표면을 조심스럽게 긁어 세로로 자연스러운 줄무늬를 내준다. 가는 붓으로 골드 파우더를 발라 입힌다. 템퍼링한 다크 커버처 초콜릿을 23 x 8.5cm 크기의 초콜릿용 투명 전사지에 붓으로 발라준다. 헤이즐넛 모양의 밑부분을 약간 데워 초콜릿을 바른 전사지 중앙에 놓아 고정시킨다. 초콜릿을 바른 띠지로 헤이즐넛 모양을 감싸듯 양쪽으로 붙인 뒤 전사지를 조심스럽게 떼어낸다.

NOISETTE

준비 : 2 시간

조리 : 15 분

휴지 : 12 시간 + 8 시간

8 인분

준비 : 2 시간

조리 : 40 분

휴지 : 4 시간

10 인분

캐러멜 피칸 쿠키

크리미 캐러멜
생크림 40g
우유 10g
글루코즈 시럽 (물엿) 30g
바닐라 빈 1/2줄기
소금 (플뢰르 드 셀) 1꼬집
설탕 20g
버터 15g

쿠키 반죽
상온의 부드러운 버터 160g
비정제 황설탕 200g
갈색 설탕 40g
설탕 40g
헤이즐넛 페이스트 13g
상온의 달걀 75g
밀가루 (T55) 320g
소금 (플뢰르 드 셀) 8g
생크림 (crème liquide) 25g
베이킹소다 3.2g
굵게 부순 헤이즐넛 100g

캐러멜라이즈드 피칸
피칸 200g
설탕 50g
물 15g

피칸 프랄리네
피칸 100g
설탕 50g
물 15g
소금 (플뢰르 드 셀) 2g

캐러멜 피칸 쿠키

크리미 캐러멜
CARAMEL ONCTUEUX

소스팬에 크림, 우유, 물엿 20g, 길게 갈라 긁은 바닐라 빈, 소금을 넣고 뜨겁게 데운다. 설탕과 나머지 물엿을 185°C까지 가열해 캐러멜 색이 나면 뜨거운 우유 혼합물을 붓고 잘 섞는다. 다시 105°C까지 가열한 다음 체에 거른다. 캐러멜의 온도가 70°C까지 식으면 버터를 넣는다. 핸드블렌더로 갈아 매끈하게 혼합한 다음 식힌다. 작은 원형 깍지를 끼운 짤주머니에 채운 뒤 냉장고에 3시간 넣어둔다.

쿠키 반죽
PÂTE À COOKIES

상온의 부드러운 버터와 두 종류의 설탕, 헤이즐넛 페이스트를 혼합한 뒤 달걀을 풀어 넣고 섞는다. 밀가루와 소금, 베이킹소다를 섞어 혼합물에 넣는다. 굵게 다진 헤이즐넛을 넣어준다. 한 개당 약 35g씩 동글게 빚은 뒤 논스틱 베이킹 팬에 놓고, 냉장고에 1시간 넣어둔다.

캐러멜라이즈드 피칸
NOIX DE PÉCAN CARAMÉLISÉES

오븐을 150°C로 예열한다. 피칸을 베이킹 팬에 펼쳐 놓고 오븐에 넣어 30분간 로스팅한다. 동냄비에 물과 설탕을 넣고 110°C까지 가열한다. 구운 피칸을 바로 시럽에 넣고 주걱으로 골고루 섞는다. 설탕이 모래 질감처럼 굳으며 피칸에 달라붙다가 점점 캐러멜라이즈될 때까지 계속 잘 저으며 가열한다.

피칸 프랄리네
PRALINÉ NOIX DE PÉCAN

피칸을 150°C 오븐에서 30분간 로스팅한다. 설탕과 물을 180°C까지 끓여 캐러멜을 만든 다음, 로스팅한 피칸에 붓는다. 식힌 뒤 푸드 프로세서에 분쇄해 페이스트 질감의 프랄리네를 만든다. 전동 스탠드 믹서 볼에 이 프랄리네와 플뢰르 드 셀을 넣고 플랫비터로 잘 혼합한다. 작은 원형 깍지를 끼운 짤주머니에 채워 넣는다.

굽기
CUISSON

오븐을 165°C로 예열한다. 동그랗게 빚어둔 쿠키 반죽을 살짝 눌러준다. 캐러멜라이즈드 피칸을 굵직하게 썰어 쿠키 반죽 위에 고루 얹고 오븐에 넣어 5분간 굽는다. 오븐에서 꺼낸 뒤 짤주머니로 피칸 프랄리네를 쿠키마다 3군데씩 점점이 짜 얹고 다시 오븐에서 2분간 구워낸다. 마지막 단계에 짤주머니로 크리미 캐러멜을 3군데 짜 얹어 살짝 녹아 흘러내리게 한다. 쿠키가 식으면 캐러멜을 조금 더 짜 얹는다. 굵게 다진 피칸으로 덮어준 다음 프랄리네를 다시 점점이 찍어 얹는다.

준비 : 2 시간

8 인분

조리 : 35 분

휴지 : 1 시간

피칸 에클레어

에클레어
슈 반죽 400g
캐러멜 크럼블 (p.318 참조)
크럼블 반죽 350g
지용성 식용색소 (빨강) 0.15g
지용성 식용색소 (파랑) 0.07g
지용성 식용색소 (노랑) 0.60g

캐러멜 샹티이
생크림 (crème liquide) 500g
설탕 100g

피칸 프랄리네
피칸 500g
설탕 400g
물 150g

캐러멜 글라사주
가루 젤라틴 10g
물 55g
우유 140g
생크림 (crème liquide) 290g
글루코즈 시럽 (물엿) 95g
바닐라 빈 1줄기
설탕 370g
전분 25g

완성 재료
가보트 크리스피 혼합물 400g
(p.319 가보트 크리스피 참조)
피칸 몇 조각

에클레어
ÉCLAIRS

오븐을 180℃로 예열한다. 슈 반죽으로 에클레어를 만들고 (p.318 참조) 캐러멜 크럼블을 덮어 오븐에서 20분간 굽는다. 오븐 온도를 160℃로 낮춘 후 다시 15분간 구워 건조시킨다.

캐러멜 샹티이
CHANTILLY CARAMEL

생크림 100g을 뜨겁게 데운다. 설탕과 분량 외 소량의 물을 185℃까지 가열해 캐러멜을 만든 다음 뜨거운 생크림을 붓고 잘 섞는다. 핸드블렌더로 간 다음 나머지 차가운 생크림을 조금씩 넣어준다. 다시 블렌더로 갈아 휘핑한다. 8mm 원형 깍지를 끼운 짤주머니에 채운 뒤 냉장고에 넣어둔다.

피칸 프랄리네
PRALINÉ NOIX DE PÉCAN

피칸을 160℃ 오븐에 넣어 살짝 로스팅한다. 소스팬에 물과 설탕을 넣고 120℃가 될 때까지 가열한 다음 구운 피칸을 넣고 주걱으로 골고루 저어준다. 연기가 꽤 날 때까지 가열해 캐러멜라이즈한다. 덜어내 식힌 다음 푸드 프로세서로 분쇄한다. 8mm 원형 깍지를 끼운 짤주머니에 채운 뒤 냉장고에 넣어둔다.

캐러멜 글라사주
GLAÇAGE CARAMEL

젤라틴을 분량의 따뜻한 물에 섞어서 20분 정도 불린다. 우유와 생크림, 물엿, 길게 갈라 긁은 바닐라 빈을 소스팬에 넣고 끓인다. 설탕 280g을 185℃까지 가열해 캐러멜을 만든 다음 뜨거운 우유 생크림 혼합물을 붓고 잘 섞는다. 나머지 분량의 설탕에 전분을 섞어 캐러멜 혼합물에 뿌려 넣은 다음 다시 한 번 끓인다. 약 2분간 끓는 상태를 유지한 후 불에서 내리고 혼합물을 45℃까지 식힌다. 이때 젤라틴을 넣어준다. 핸드블렌더로 갈아 매끈하고 곱게 혼합한 다음 체에 거른다.

완성하기
MONTAGE ET FINITIONS

뾰족한 칼끝을 이용해 에클레어 슈 바닥 면에 4개의 구멍을 뚫은 다음 캐러멜 샹티이를 채우고 이어서 피칸 프랄리네를 조금 채워 넣는다. 캐러멜 글라사주 혼합물을 전자레인지에 데워 27℃로 만든다. 에클레어 윗부분을 글라사주 혼합물에 재빨리 담갔다 뺀 다음 손으로 매끈하게 다듬는다. 냉동실에 5분간 넣었다가 꺼내 두 번째 글라사주를 입힌다. 냉장고에 몇 분간 넣어 굳힌다. 가보트 크리스피 볼을 만든다 (p.319 참조). 그 안에 작게 자른 피칸을 몇 조각 넣어준다. 서빙 바로 전에 각 에클레어마다 가보트 크리스피 볼을 3개씩 얹어 완성한다.

ÉCLAIRS NOIX DE PÉCAN

호두 가보트 크리스피

굵게 부순 호두살 100g
달걀흰자 110g
슈거파우더 90g
밀가루 50g
물 480g
버터 45g
소금 4g

오븐을 170℃로 예열한다. 호두살을 굵직하게 부순다. 달걀흰자와 슈거파우더, 밀가루를 혼합한다. 물에 버터와 소금을 넣고 가열한 뒤 끓으면 바로 혼합물에 붓고 잘 섞는다. 혼합물을 논스틱 베이킹 팬에 아주 얇게 펴바른다. 굵게 부순 호두를 고루 뿌려준다. 오븐에 넣어 12분간 굽는다. 베이킹 팬의 위치를 돌려준 다음 다시 12분간 굽는다. 구운 가보트를 약 6 x 6cm 정도의 크기로 자른다.

준비 : 10 시간

조리 : 25 분

8 인분

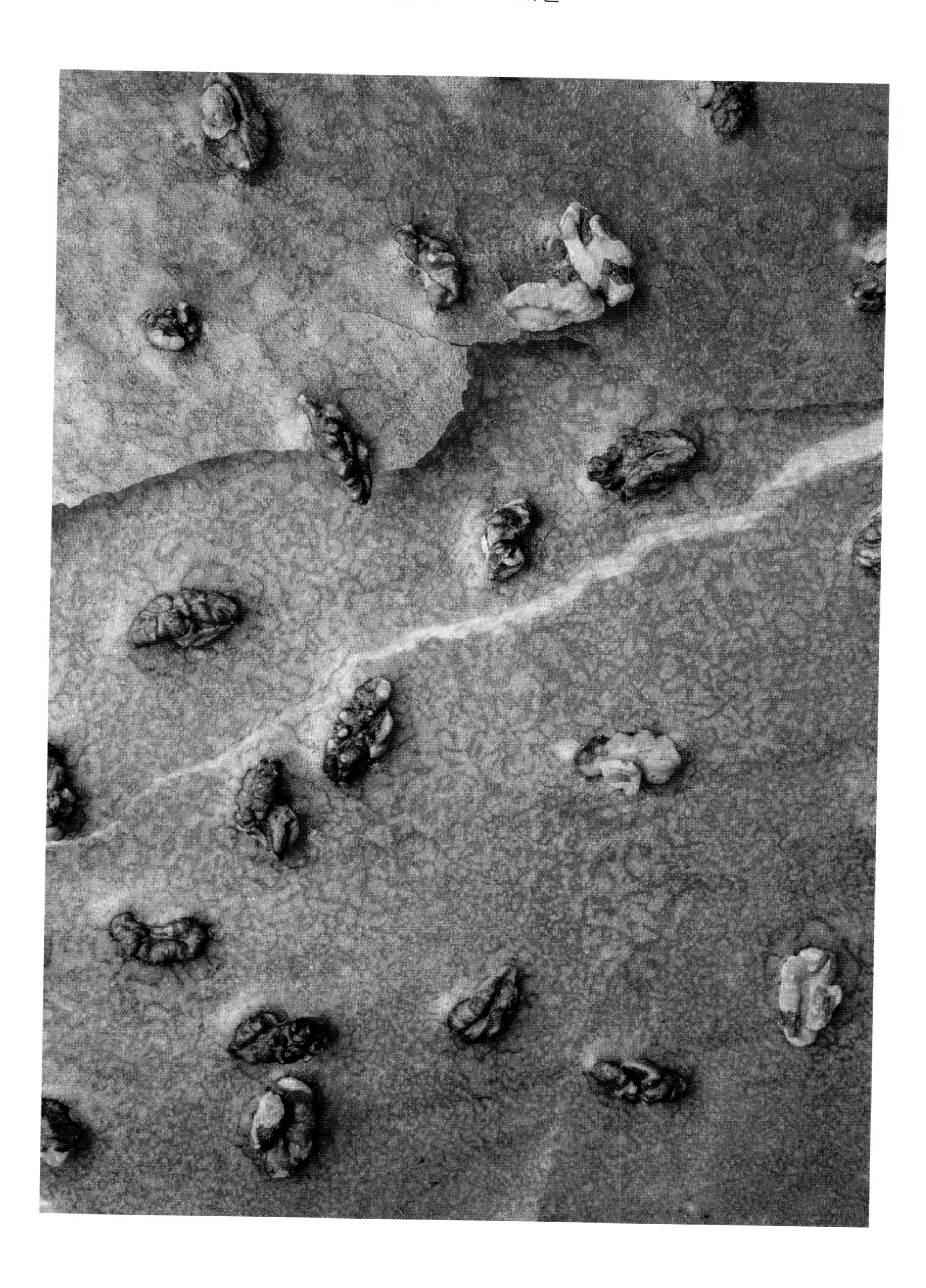

준비 : 2 시간 30 분

10 인분

조리 : 1 시간 50 분

휴지 : 4 시간 15 분

코코넛 파리 브레스트

파트 아 슈
슈 반죽 400g (p.312 참조)

코코넛 프랄리네
코코넛 500g
설탕 250g
물 88g
소금 (플뢰르 드 셀) 10g

코코넛 페이스트
코코넛 100g
슈거파우더 10g
소금 (플뢰르 드 셀) 1g

코코넛 프랄리네 크림
크렘 파티시에 500g (p.314 참조)
버터 크림 400g
(p.314 버터 크림 참조)

흰색 크럼블
버터 100g
밀가루 110g
비정제 황설탕 125g
달걀흰자 10g
가늘게 간 코코넛 과육 15g

완성 재료
슈거파우더
가늘게 간 코코넛 과육

파트 아 슈
PÂTE À CHOUX

슈 반죽을 만들어 파리 브레스트 모양으로 베이킹 팬에 짜 준비해 놓는다 (p.312 참조).

코코넛 프랄리네
PRALINÉ COCO

150℃로 예열한 오븐에서 얇게 자른 코코넛 셰이빙을 15분간 로스팅한다. 설탕과 물을 끓여 캐러멜을 만들고 그 온도가 180℃에 달하면 로스팅한 코코넛에 붓는다. 식힌 뒤 푸드 프로세서로 분쇄해 페이스트 질감의 프랄리네를 만든다. 전동 스탠드 믹서 볼에 이 프랄리네와 플뢰르 드 셀을 넣고 플랫비터로 잘 혼합한다.

코코넛 페이스트
PÂTE DE COCO

오븐을 160℃로 예열한다. 얇게 자른 코코넛 셰이빙을 오븐에 넣어 15~20분간 로스팅한 다음 슈거파우더와 플뢰르 드 셀과 함께 블렌더에 넣고 갈아 고운 페이스트를 만든다.

코코넛 프랄리네 크림
CRÈME PRALINÉ COCO

크렘 파티시에를 만들어 (p.314 참조) 냉장고에 30분간 넣어둔다. 매끈하게 풀어준 다음 코코넛 프랄리네 65g과 코코넛 페이스트 50g을 넣어 섞는다. 버터 크림을 만들고 (p.314 참조), 거품기로 저어 매끈하게 풀어준 다음, 코코넛 크렘 파티시에에 넣고 조심스럽게 살살 섞는다. 냉장고에 3시간 동안 넣어둔다.

흰색 크럼블
CRUMBLE BLANC

전동 스탠드 믹서 볼에 버터와 밀가루, 황설탕을 넣고 플랫비터로 혼합한다. 반죽을 0.5cm 두께로 민 다음 냉동실에 15분간 넣어둔다. 달걀흰자를 풀어 얼려둔 크럼블 반죽 위에 붓으로 발라준 다음 가늘게 간 코코넛 과육을 뿌린다. 반죽 위에 유산지를 한 장 얹고 파티스리용 밀대로 눌러 밀어 코코넛이 반죽에 박히도록 해준다. 지름 6cm 원형 커터로 10개의 원형을 찍어낸 다음, 지름 2cm짜리 깍지를 사용해 1인용 파리 브레스트의 가운데를 찍어 구멍을 내준다. 지름 18cm짜리 큰 사이즈의 파리 브레스트의 경우는 중앙에 지름 12cm의 구멍을 내준다.

완성하기
MONTAGE ET FINITIONS

컨벡션 오븐을 180℃로 예열한다. 파리 브레스트 슈 반죽 위에 링 모양으로 잘라놓은 크럼블을 얹는다. 슈거파우더를 뿌린 후 오븐에 넣어 40분간 굽는다. 오븐의 온도를 160℃로 낮춘 뒤 10분간 더 구워 건조시킨다. 꺼내서 식힌 다음 파리 브레스트를 가로로 이등분한다. 아랫 부분 슈의 안쪽 빵 부분을 살짝 눌러준 다음, 별 모양 깍지를 끼운 짤주머니에 코코넛 프랄리네 크림을 넣고 작은 회오리 모양을 그리며 빙 둘러 짜준다. 코코넛 프랄리네를 6군데에 점을 찍듯 얹어준다. 무스링이나 원형 커터를 사용해 슈의 윗부분을 원형으로 깔끔하게 잘라 다듬은 후 덮어준다. 가늘게 간 코코넛을 뿌려 완성한다.

코코넛 케이크

코코넛 가나슈
가루 젤라틴 1.5g
물 10g
코코넛 퓌레 500g
화이트 커버처 초콜릿 50g
생크림 (crème liquide) 250g

코코넛 프레스드 사블레
사블레 브르통
달걀노른자 30g
설탕 65g
상온의 부드러운 버터 75g
소금 1.5g
밀가루 100g
베이킹파우더 7.5g

로스팅한 코코넛 파우더 50g (p.316 참조)
카카오 버터 115g

코코넛 다쿠아즈
슈거파우더 185g
곱게 간 코코넛 과육 115g
아몬드 가루 75g
달걀흰자 225g
설탕 75g

코코넛 크림
생 코코넛 75g
코코넛 퓌레 350g
코코넛 밀크 150g
잔탄검 6g
말리부 럼 (Malibu®) 30g
생크림 150g
마스카르포네 100g

흰색 글라사주
흰색 글라사주 혼합물 300g
(p.317 글라사주 참조)

셰프의 팁
이 레시피는 중간 휴지 시간이 많이 필요하다. 먹기 이틀 전에 준비를 시작해야 한다.

준비 : 3 시간

8 인분

조리 : 25 분

휴지 : 12 시간 + 7 시간 + 10 시간

코코넛 케이크

코코넛 가나슈
GANACHE COCO

이틀 전날. 젤라틴을 분량의 따뜻한 물에 섞어서 20분 정도 불린다. 코코넛 퓌레를 가열해 끓으면 바로 잘게 다진 초콜릿 위에 붓고 잘 섞어 녹인다. 혼합물이 아직 뜨거울 때 젤라틴을 넣고 섞는다. 냉장고에 12시간 넣어둔다.

코코넛 프레스드 사블레
SABLÉ PRESSÉ COCO

하루 전날 아침. 오븐을 180°C로 예열한다. 전동 스탠드 믹서 볼에 달걀노른자와 설탕을 넣고 색이 연해질 때까지 와이어 휩으로 저어 혼합한다. 와이어 휩을 플랫비터로 바꾼 뒤 상온의 부드러운 버터를 넣어 섞는다. 소금을 넣은 다음, 체에 친 밀가루와 베이킹파우더를 넣고 잠깐 더 혼합해 균일한 반죽을 완성한다. 단, 너무 오래 치대 반죽에 끈기가 생기면 안된다. 반죽을 꺼내 3mm 두께로 얇게 민 다음 오븐에 넣어 10분간 굽는다. 구워 낸 사블레 브르통을 푸드 프로세서에 넣고 잘게 분쇄한다. 로스팅한 코코넛 (p.316 참조)과 카카오 버터를 넣고 섞어준다. L자 스패출러를 사용해 지름 16cm 무스링에 반죽을 눌러 펴 깔아준다. 냉동실에 1시간 동안 넣어 굳힌다.

코코넛 다쿠아즈
DACQUOISE COCO

컨벡션 오븐을 180°C로 예열한다. 슈거파우더와 곱게 간 코코넛, 아몬드 가루를 체에 친다. 전동 스탠드 믹서 볼에 달걀흰자를 넣고 와이어 휩을 돌려 거품을 올린다. 설탕을 조금씩 넣어가며 돌려 단단하게 거품을 올린다. 체에 친 가루 재료를 넣고 실리콘 주걱으로 살살 혼합한다. 깍지를 끼운 짤주머니를 사용해 16cm 무스링 안에 짜 넣는다. 오븐에 넣어 12분간 굽는다. 꺼낸 뒤 망 위에 엎어 식힌다.

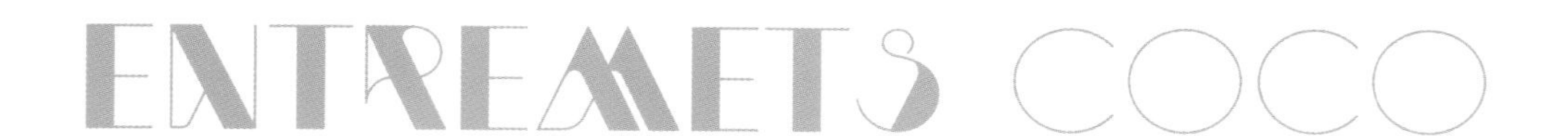

코코넛 크림
CRÈME DE COCO

파티스리용 밀대로 코코넛을 골고루 두들겨 단단한 껍데기와 살이 떨어지도록 한다. 살을 작은 조각으로 자른 뒤 코코넛 퓌레, 코코넛 밀크와 섞는다. 잔탄검을 솔솔 뿌리며 핸드블렌더로 갈아준다. 생 코코넛 과육 덩어리가 남지 않도록 주의하며 곱게 간다. 말리부 럼을 넣는다. 전동 스탠드 믹서 볼에 생크림과 마스카르포네를 넣고 와이어 휩을 돌려 가볍게 휘핑해준 다음 코코넛 혼합물에 넣어 살살 섞는다. 냉장고에 3시간 넣어둔다. 16cm 무스링 안에 다쿠아즈를 깔고 그 위에 코코넛 크림을 부어, 케이크 안에 집어넣을 인서트를 만든다. 냉동실에 바로 넣어 3시간 동안 얼린다.

완성하기
MONTAGE ET FINITIONS

믹싱볼에 코코넛 가나슈를 넣고 거품기로 매끈하게 풀어준다. 차가운 코코넛 크림을 거품기로 돌려 휘핑한 다음 코코넛 가나슈와 섞는다. 지름 18cm 크기의 무스링 안쪽 벽에 케이크용 투명 띠지를 두른 다음 케이크 조립을 시작한다. 우선 코코넛 프레스드 사블레를 놓은 다음 휘핑한 코코넛 가나슈로 덮어준다. 무스링 안쪽 벽에도 가나슈를 짜 바른다. 얼려둔 인서트를 놓고 살짝 눌러준 다음 휩드 가나슈로 덮는다. 스패출러로 매끈하게 밀어준다. 글라사주를 입히기 전 냉동실에 최소 10시간 이상 넣어둔다.

흰색 전분 글라사주
GLAÇAGE BLANC FÉCULE

당일. 글라사주 혼합물을 만든다 (p.317 참조). 냉동실에서 꺼낸 케이크를 쟁반 받친 망 위에 얹고 글라사주를 부어 완전히 코팅한다.

코코넛 퐁퐁

코코넛 다쿠아즈
슈거파우더 75g
곱게 간 코코넛 과육 50g
아몬드 가루 30g
달걀흰자 100g
설탕 30g

패션푸르트 코코넛 인서트
패션푸르트 퓌레 230g
코코넛 퓌레 170g
한천 4g
설탕 48g
패션푸르트 과육 씨 60g

코코넛 무스
판 젤라틴 5장
코코넛 퓌레 500g
말리부 럼 (Malibu®) 15g
달걀흰자 90g
설탕 100g
생크림 (crème liquide) 250g

완성 재료
흰색 코팅
코팅 혼합물 200g
(p.317 코팅하기 참조)

흰색 전분 글라사주
글라사주 200g
(p.317 글라사주 참조)
코코넛 칩 (p.316 참조)

코코넛 다쿠아즈
DACQUOISE COCO

컨벡션 오븐을 190℃로 예열한다. 슈거파우더와 곱게 간 코코넛, 아몬드 가루를 체에 친다. 전동 스탠드 믹서 볼에 달걀흰자를 넣고 와이어 휩을 돌려 거품을 올린다. 설탕을 조금씩 넣어가며 돌려 단단하게 거품을 올린다. 여기에 체에 친 가루 재료를 넣고 실리콘 주걱으로 살살 혼합한다. 유산지 위에 펴 놓은 다음 오븐에 넣어 7~8분 잘 지켜보며 굽는다. 꺼내서 망 위에 놓고 식힌 다음 지름 3.5cm 원형 커터로 찍어 자른다. 냉동실에 30분 넣어둔다.

패션푸르트 코코넛 인서트
INSERT PASSION-COCO

패션푸르트 퓌레와 코코넛 퓌레 각각 분량의 반을 섞어 뜨겁게 데운다. 한천과 섞은 설탕을 여기에 넣고 가열해 2분간 끓인 다음 식힌다.
푸드 프로세서로 천천히 갈면서 나머지 분량의 퓌레를 조금씩 넣어준다. 덜어낸 다음 패션푸르트 과육과 씨를 넣고 실리콘 주걱으로 잘 섞는다. 혼합물의 반을 지름 3cm 크기의 반구형 실리콘 틀에 채운 다음 냉동실에 2시간 동안 넣어둔다.
반구형 모양을 틀에서 분리한 다음 남은 인서트 혼합물을 다시 반구형 틀에 채워 넣는다. 그 위에 얼려 놓은 반구형 모양을 얹어 공 모양으로 조합한 다음 바로 냉동실에 넣어 1시간 동안 둔다.

코코넛 무스
MOUSSE COCO

젤라틴을 분량 외 찬물에 담가 20분간 불린다. 코코넛 퓌레 분량의 1/3을 뜨겁게 데운 후, 물을 꼭 짠 젤라틴을 넣어 섞는다. 혼합물이 되직해지기 시작하면 나머지 차가운 코코넛 퓌레를 넣고, 말리부 럼을 넣는다. 믹싱볼에 달걀흰자를 넣고 거품을 올린다. 설탕을 조금씩 넣어가며 단단한 머랭을 만들어준 다음 코코넛 퓌레에 넣어 섞는다. 생크림을 거품기로 돌려 휘핑해준 다음 마찬가지로 혼합물에 넣어준다. 마지막 조립 단계에서 무스는 약간 뻑뻑한 듯 "밀도감" 이 있어야 안의 인서트를 잘 지탱할 수 있다. 지름 4.5cm 크기의 구형 틀 한쪽 판에 무스를 채워 넣고 원형 다쿠아즈와 패션푸르트 코코넛 인서트를 넣어준다. 구형 몰드 다른 한쪽 판을 얹어 놓고 나머지 코코넛 무스를 채워 넣는다. 공기 방울이 생기지 않도록 주의한다. 냉동실에 3시간 넣어둔다.

완성하기
MONTAGE ET FINITIONS

냉동한 구형 모양을 틀에서 분리한 뒤 표면을 매끈하게 다듬는다. 흰색 코팅 혼합물을 만든 다음 (p.317 참조), 구형 모양을 담가 코팅을 입힌다. 흰색 글라사주도 만들어 (p.317 참조) 구형 모양을 담가 입힌다. 코코넛 칩을 각 구의 표면 전체에 보기 좋게 붙여 완성한다.

준비 : 2 시간

8 인분

조리 : 10 분

휴지 : 6 시간 30분

준비 : 10 분

조리 : 25 분

8 인분

잣 가보트 크리스피

달걀흰자 110g
슈거파우더 90g
밀가루 50g
물 480g
버터 44g
소금 4g
잣 100g

오븐을 170℃로 예열한다.
달걀흰자와 슈거파우더, 밀가루를 혼합한다. 물에 버터와 소금을 넣고 가열한 뒤 끓으면 바로 첫 번째 혼합물에 붓고 잘 섞는다. 혼합물을 논스틱 베이킹 팬에 아주 얇게 펴 바른다. 그 위에 잣을 고루 뿌려준다. 오븐에 넣어 12분간 굽는다. 베이킹 팬의 위치를 돌려준 다음 다시 12분 더 굽는다. 구운 가보트를 약 6 x 6cm 정도의 크기로 자른다.

GAVOTTES PIGNONS DE PIN

피스타치오 파리 브레스트

파트 아 슈
슈 반죽 400g (p.312 참조)

피스타치오 프랄리네
피스타치오 500g
설탕 250g
물 80g
소금 (플뢰르 드 셀) 10g

피스타치오 페이스트
피스타치오 100g
슈거파우더 7g
소금 (플뢰르 드 셀) 0.2g

피스타치오 프랄리네 크림
크렘 파티시에 600g
(p.314 참조)
피스타치오 프랄리네 90g
피스타치오 페이스트 60g
버터 크림 520g
(p.314 버터 크림 참조)

녹색 크럼블
버터 100g
밀가루 125g
비정제 황설탕 125g
식용색소 (녹색) 1g
식용색소 (빨강) 0.7g
달걀흰자 1개분
시칠리아산 피스타치오 80g

구운 피스타치오
피스타치오 100g

완성 재료
슈거파우더
피스타치오 껍질

파트 아 슈
PÂTE À CHOUX

슈 반죽을 만들어 파리 브레스트 모양으로 베이킹 팬에 짜 준비해 놓는다 (p.312 참조).

피스타치오 프랄리네
PRALINÉ PISTACHE

150°C로 예열한 오븐에 피스타치오를 넣고 15분간 로스팅한다. 소스팬에 설탕과 물을 넣고 가열해 캐러멜을 만든다. 온도가 180°C에 이르면 로스팅한 피스타치오에 붓는다. 식으면 푸드 프로세서에 넣고 분쇄한 다음, 전동 스탠드 믹서 볼에 소금과 함께 넣고 플랫비터를 돌려 잘 섞는다.

피스타치오 페이스트
PÂTE DE PISTACHE

오븐의 온도를 180°C로 올린 다음 피스타치오를 넣어 15~20분간 로스팅한다. 파스타치오를 슈거파우더와 소금과 함께 블렌더에 넣고 강한 속도로 갈아 고운 페이스트를 만든다.

피스타치오 프랄리네 크림
CRÈME PRALINÉE PISTACHE

크렘 파티시에를 만들어 (p.314 참조) 냉장고에 30분 넣어둔다. 매끈하게 풀어준 다음 피스타치오 프랄리네 90g과 피스타치오 페이스트 60g을 넣어 섞는다. 버터 크림을 만들고 (p.314 참조) 거품기로 저어 매끈하게 풀어준 다음, 피스타치오 크렘 파티시에에 넣고 조심스럽게 살살 섞는다. 냉장고에 3시간 넣어둔다.

녹색 크럼블
CRUMBLE VERT

전동 스탠드 믹서 볼에 버터와 밀가루, 황설탕, 녹색, 빨간색 식용색소를 넣고 플랫비터로 혼합한다. 밀대나 압착 파이 롤러를 사용해 반죽을 0.5cm 두께로 민 다음 냉동실에 30분간 넣어둔다. 달걀흰자를 풀어 얼려둔 크럼블 반죽 위에 붓으로 발라준 다음 피스타치오를 뿌린다. 유산지를 반죽 위에 한 장 얹고 파티스리용 밀대로 눌러 밀어 피스타치오가 반죽에 박히도록 해준다. 지름 6cm 원형 커터로 10개의 원형을 찍어낸 다음, 지름 2cm짜리 깍지를 사용해 1인용 파리 브레스트의 가운데를 찍어내 구멍을 내준다. 지름 18cm짜리 큰 사이즈의 파리 브레스트의 경우는 중앙에 지름 12cm짜리 구멍을 내준다.

피스타치오 로스팅하기
PISTACHES TORRÉFIÉES

150°C로 예열한 오븐에 피스타치오를 넣고 고르게 구운 색이 나도록 약 15분간 로스팅한다.

완성하기
MONTAGE ET FINITIONS

컨벡션 오븐을 180°C로 예열한다. 파리 브레스트 슈 반죽 위에 링 모양으로 잘라놓은 크럼블을 얹는다. 슈거파우더를 뿌린 후 오븐에 넣어 40분간 굽는다. 오븐의 온도를 160°C로 낮춘 뒤 10분간 더 구워 건조시킨다. 꺼내서 식힌 다음 파리 브레스트를 가로로 이등분한다. 아랫 부분의 슈 안쪽 빵부분을 살짝 눌러준 다음, 별 모양 깍지를 끼운 짤주머니에 피스타치오 프랄리네 크림을 넣고 작은 회오리 모양을 그리며 빙 둘러 짜준다. 피스타치오 프랄리네를 6군데에 점을 찍듯 얹는다. 무스링이나 원형 커터를 사용해 슈의 윗부분을 원형으로 깔끔하게 잘라 다듬은 후 위에 덮어준다. 구운 피스타치오와 슈거 파우더, 피스타치오 껍질을 고루 뿌려 완성한다.

PARIS-BREST PISTACHE

준비 : 2 시간 30 분

10 인분

조리 : 1 시간 40 분

휴지 : 3 시간 30분

준비 : 20 분

8 인분

조리 : 10 분

피스타치오 피낭시에

버터 100g
시칠리아산 피스타치오 가루 60g
슈거파우더 110g
밀가루 (T45) 35g
피스타치오 페이스트 5g
상온의 달걀흰자 100g
시칠리아산 피스타치오 100g
소금 (플뢰르 드 셀)

버터를 밝은 갈색이 나고 고소한 헤이즐넛 향이 날때까지 가열해 브라운 버터 (beurre noisette)를 만든다.

오븐을 180°C로 예열한다.
피스타치오 가루, 슈거파우더, 밀가루를 혼합한 뒤 피스타치오 페이스트를 넣어 섞는다. 여기에 달걀흰자를 넣고 잘 섞은 다음 따뜻한 브라운 버터를 넣어준다. 식힌다.

지름 4.5cm 크기의 반구형 실리콘 틀 한 칸당 12g의 혼합물을 채워 넣는다. 그 위에 굵게 다진 피스타치오를 얹은 다음 오븐에 넣어 6분간 굽는다.

각 피낭시에 위에 플뢰르 드 셀을 한 꼬집 뿌린 다음 서빙한다.

FINANCIERS PISTACHE

루빅스 큐브 케이크

레몬 땅콩 피스타치오 비스퀴

아몬드 가루 260g
황설탕 195g
달걀흰자 330g
달걀노른자 105g
커피 페이스트 30g
생크림 60g
설탕 65g
소금 1g
버터 210g
밀가루 (T55) 105g
베이킹파우더 6g
시칠리아산 피스타치오 60g
레몬 제스트 4개분
생 땅콩 60g

인서트

레몬 큐브 : 레몬 마멀레이드
물 120g
레몬 즙 180g
설탕 30g
한천 5g
핑거라임 55g
레몬 과육 세그먼트 40g
레몬 콩피 (시판용도 가능) 170g

피스타치오 큐브 : 피스타치오 프랄리네
설탕 50g
물 15g
피스타치오 100g
소금 (플뢰르 드 셀) 2g

땅콩 큐브 : 땅콩 프랄리네
땅콩 100g
설탕 50g
물 15g
소금 (플뢰르 드 셀) 2g

코팅하기

레몬 큐브 : 레몬 옐로 코팅
코팅 혼합물 300g (p.317 코팅하기 참조)
지용성 식용색소 (노랑) 4g

피스타치오 큐브 : 피스타치오 그린 코팅
코팅 혼합물 300g (p.317 코팅하기 참조)
지용성 식용색소 (녹색) 4g
지용성 식용색소 (노랑) 1g

땅콩 큐브 : 화이트 초콜릿 코팅
코팅 혼합물 300g (p.317 코팅하기 참조)

완성 재료

레몬 큐브 : 식용 금박
큐브 한 개당 금박 2장

피스타치오 큐브 : 피스타치오 그린 글라사주
글라사주 혼합물 300g (p.317 글라사주 참조)
식용 은박 가루 10g
지용성 식용색소 (녹색) 0.5g
지용성 식용색소 (노랑) 1.5g
바닐라 가루 1.5g

땅콩 큐브 : 흰색 글라사주
글라사주 혼합물 300g (p.317 글라사주 참조)
전분 25g
지용성 흰색 티탄 식용색소 20g

준비 : 2 시간

10 인분

조리 : 30 분

휴지 : 2 시간 30분

루빅스 큐브 케이크

레몬, 땅콩, 피스타치오 비스퀴

BISCUITS CITRON-CACAHUÈTE-PISTACHE

오븐을 180℃로 예열한다. 아몬드 가루와 황설탕 195g, 달걀흰자 60g, 달걀노른자, 커피 페이스트, 생크림, 설탕 45g, 소금을 혼합한다. 버터를 녹인 뒤 따뜻한 상태로 둔다. 전동 스탠드 믹서 볼에 달걀흰자 270g을 넣고 와이어 휩을 돌려 거품을 올린다. 설탕 20g을 추가하며 돌려 단단하게 거품을 올린다. 따뜻한 녹인 버터를 첫 번째 아몬드 가루 혼합물에 넣고 섞는다. 여기에 밀가루와 베이킹파우더를 넣고 혼합한 다음 거품 올린 달걀흰자를 넣고 살살 섞는다. 혼합물을 3개의 볼에 나누어 담는다. 첫 번째 볼에는 굵게 다진 피스타치오, 두 번째 볼에는 강판에 곱게 간 레몬 제스트, 마지막 세 번째 볼에는 굵게 다진 땅콩을 넣어 섞는다. 반죽을 각각 베이킹 팬에 부어 펼쳐놓은 후 오븐에 넣어 5분간 굽고, 베이킹 팬의 위치를 한번 돌려준 다음 다시 5분간 구워낸다.

레몬 마멀레이드 인서트

INSERT MARMELADE CITRON JAUNE

물과 레몬 즙을 뜨겁게 데운다. 한천과 혼합한 설탕을 여기에 넣고 2분간 끓인 다음 용기에 덜어 냉장고에 30분간 넣어 식힌다. 젤이 차가워지면 공기가 많이 주입되지 않도록 주의하면서 핸드 블렌더로 간다. 핑거라임, 작게 자른 레몬 과육, 곱게 다진 레몬 콩피를 넣어 섞는다.

피스타치오 프랄리네

PRALINÉ PISTACHE

피스타치오를 150℃ 오븐에서 살짝 로스팅한 다음 실리콘 패드에 펼쳐 놓는다. 소스팬에 설탕과 물을 넣고 가열해 캐러멜을 만든다. 온도가 180℃에 이르면 피스타치오에 붓는다. 식은 뒤 푸드 프로세서에 넣고 분쇄해 프랄리네 질감의 균일한 페이스트를 만든 다음, 전동 스탠드 믹서 볼에 소금과 함께 넣고 플랫비터를 돌려 잘 섞는다.

땅콩 프랄리네

PRALINÉ CACAHUÈTE

땅콩을 150℃ 오븐에 넣어 15분간 로스팅한 다음 실리콘 패드에 펼쳐 놓는다. 소스팬에 설탕과 물을 넣고 가열해 캐러멜을 만든다. 온도가 180℃에 이르면 땅콩 위에 붓는다. 식은 뒤 푸드 프로세서에 넣고 분쇄해 프랄리네 질감의 균일한 페이스트를 만든 다음, 전동 스탠드 믹서 볼에 소금과 함께 넣고 플랫비터를 돌려 잘 섞는다.

큐브 만들기

MONTAGE DES CUBES

사방 3cm 크기의 정사각형 스텐 틀로 비스퀴 시트를 찍어 자른다. 정사각 틀 안에 스펀지를 깔고 그 위에 각각의 재료에 따라 그에 알맞은 인서트를 짜 넣는다. 레몬 비스퀴 위에는 레몬 마멀레이드, 땅콩 비스퀴 위에는 땅콩 프랄리네, 피스타치오 비스퀴 위에는 각각 피스타치오 프랄리네를 짜 얹는다. 이와 같은 순서로 다시 한 번 반복해 쌓은 다음 마지막으로 맨 위에 비스퀴를 얹어 마무리한다. 냉동실에 2시간 넣어둔다. 큐브가 굳으면 틀에서 분리한다.

큐브 코팅하기
ENROBAGE DES CUBES

레시피 (p.306) 분량대로 레몬 옐로우, 피스타치오 그린, 화이트 초콜릿 코팅 혼합물을 만든다 (p.317 참조). 혼합물을 25℃로 만든 다음 나무 꼬치로 큐브를 찍어 담가 각각 코팅을 입힌다. 레몬 큐브는 레몬 옐로우 코팅, 피스타치오 큐브는 피스타치오 그린 코팅, 땅콩 큐브는 화이트 초콜릿 코팅을 각각 입힌다.

큐브 완성하기
FINITION DES CUBES

레몬 큐브 1개당 2장의 금박 페이퍼로 완전히 감싸 덮는다. 레시피 (p.306)에 제시된 분량의 색소를 넣고 피스타치오 그린과 화이트 글라사주를 만든다 (p.317 참조). 피스타치오 큐브는 피스타치오 그린 글라사주에, 땅콩 큐브는 화이트 글라사주에 각각 담가 표면에 입혀준다.

루빅스 큐브 케이크 조립하기
MONTAGE DU RUBIK'S CAKE

사방 10cm 크기의 받침대 위에 가로 세로 3개씩 9개의 큐브를 고루 섞어 놓는다. 3단으로 쌓아올린다. 이 밖에도 취향에 따라 다양한 맛이나 향, 또는 다른 방법의 표면 마무리를 이용한 큐브를 만들어 개성 있는 큐브 케이크를 만들 수 있다.

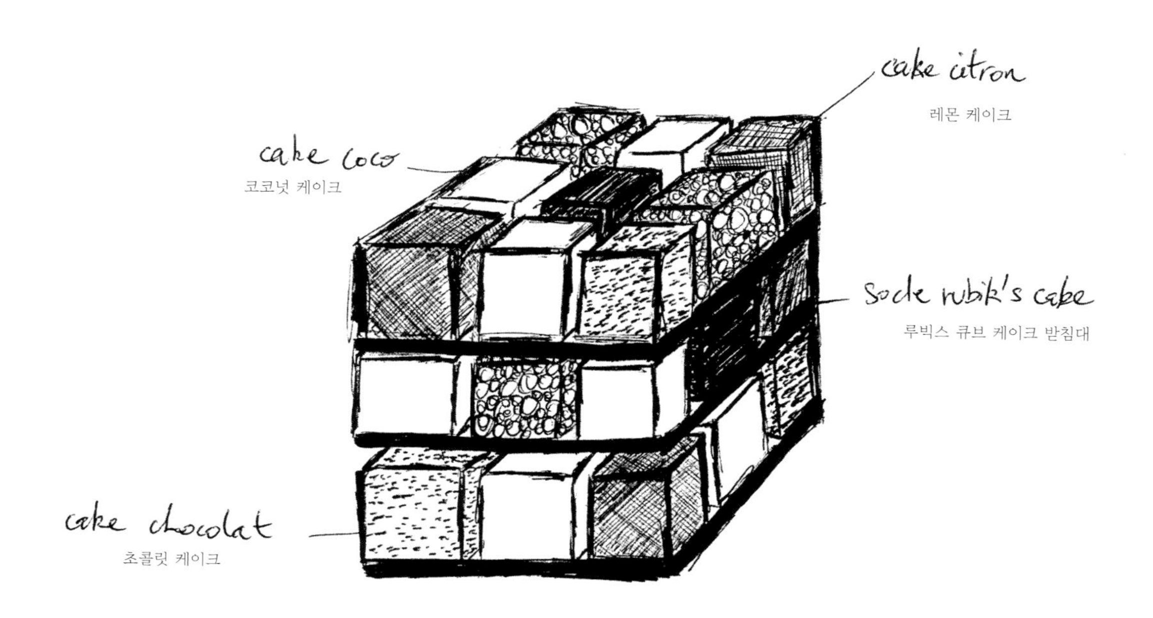

부록

기본 레시피

기본 반죽
LES PATES

파트 쉬크레
PÂTE SUCRÉE

반죽 590g 분량
버터 150g
슈거파우더 95g
아몬드 가루 30g
소금 (sel de Guérande) 1g
바닐라 가루 1g
달걀 58g
밀가루 (T55) 250g

전동 스탠드 믹서 볼에 버터, 슈거파우더, 아몬드 가루, 소금, 바닐라 가루를 넣고 플랫비터(나뭇잎 모양 핀)로 돌려 잘 섞는다. 달걀을 넣어가며 고루 혼합한 다음 밀가루를 넣고 섞어 균일한 반죽을 만든다. 냉장고에 넣어 4시간 보관한다.

타르틀레트 준비하기

파티스리용 밀대를 사용해 반죽을 3mm 두께로 민다. 지름 5cm, 높이 2cm 크기의 미니 타르트 링 10개를 준비해 안쪽에 버터를 얇게 바른 후, 밀어 놓은 반죽 시트를 깔아 대준다. 이 상태로 냉장고에 하루 동안 보관해 겉이 꾸둑하게 굳도록 한다.

타르트 준비하기

파티스리용 밀대를 사용해 반죽을 3mm 두께로 민다. 지름 18cm, 높이 2cm 크기의 타르트 링 안쪽에 버터를 얇게 바른 후, 밀어 놓은 반죽 시트를 깔아 대준다. 냉장고에 하룻밤 보관해 겉이 굳도록 한다.

파트 아 슈 (슈 반죽)
PÂTE À CHOUX

반죽 400g 분량
우유 125g
물 125g
소금 5g
버터 110g
밀가루 150g
달걀 200g

소스팬에 우유, 물, 소금, 버터를 넣고 가열한다. 끓으면 불에서 내린 뒤, 밀가루를 한번에 넣어준다. 다시 불에 올리고 주걱으로 힘차게 섞어주며 수분을 날린다. 전동 스탠드 믹서 볼에 옮겨 담고, 플랫비터로 돌리며 달걀을 조금씩 넣어준다. 반죽이 균일하게 섞이면 상온에서 1시간 동안 휴지시킨다.

파리 브레스트 준비하기

균일하게 섞인 반죽을 별 모양 깍지를 끼운 짤주머니에 채워 넣는다. 실리콘 패드(Silpat®)에 1인용은 지름 8cm, 큰 사이즈는 지름 16cm 크기의 링 모양으로 반죽을 짜 놓는다. 하루 동안 보관해 겉이 굳도록 한다.

생토노레용 파트 아 슈
PÂTE À CHOUX SPÉCIALE SAINT-HONORÉ

반죽 400g 분량
우유 100g
물 100g
설탕 2g
소금 4g
버터 90g
밀가루 110g
달걀 180g
원형으로 자른 크럼블 (레시피 참조)

소스팬에 우유, 물, 설탕, 소금, 버터를 넣고 가열한다. 끓으면 불에서 내린 뒤, 밀가루를 한번에 넣어준다. 다시 불에 올리고 주걱으로 힘차게 섞어주며 수분을 날린다. 전동 스탠드 믹서 볼에 옮겨 담는다, 플랫비터로 돌리며 달걀을 조금씩 넣어주고, 농도를 잘 확인한다. 6mm 원형 깍지를 끼운 짤주머니에 반죽을 채운 다음, 실리콘 패드나 유산지를 깐 베이킹 팬 위에 작은 크기의 슈를 짜 놓는다.

크럼블, 소보로
CRUMBLE

크럼블 350g 분량
버터 100g
황설탕 125g
밀가루 125g

오븐을 170℃로 예열한다. 버터와 황설탕, 밀가루, 레시피에 따라 식용색소 또는 레몬 껍질 등의 시트러스 제스트를 함께 섞는다. 혼합물을 두 장의 유산지 사이에 넣고 1mm 두께가 되도록 밀대로

RECETTES DE BASE

얇게 민다. 오븐에 넣고 7분간 구워낸 뒤, 체에 걸러 고운 가루는 내리고 크럼블 알갱이만 건진다.

가보트 크리스피
GAVOTTES CROUSTILLANTES

달걀흰자 85g
슈거파우더 72.5g
밀가루 36g
전분 7g
물 365g
버터 37.5g
소금 3g

오븐을 180°C로 예열한다. 달걀흰자, 슈거파우더, 밀가루와 전분을 볼에 넣고 거품기로 잘 섞는다. 물에 버터와 소금을 넣고 끓인 다음, 첫 번째 혼합물에 붓는다. 깍지를 끼우지 않은 짤주머니에 반죽을 넣고 끝을 조금 잘라낸 다음, 베이킹 팬 위에 가늘게 격자무늬로 짜 놓는다. 데크 오븐 상단에 넣고 가보트가 노릇한 색이 날 때까지 15분간 굽는다. 오븐에서 꺼낸 뒤 조각으로 잘게 뜯어 살살 구기듯이 뭉쳐 작은 공 모양을 만든다.

푀유타주 앵베르세
FEUILLETAGE INVERSÉ

뵈르 마니에*
밀어 접기용 버터 (beurre de tourage) 330g
밀가루 (farine de gruau 글루텐 함량이 높아 더 잘 부푼다) 135g

데트랑프 반죽**
물 130g
소금 12g
흰 식초 3g
상온의 부드러운 버터 102g
밀가루 (farine de gruau) 315g

전동 스탠드 믹서 볼에 푀유타주 밀어 접기용 버터와 밀가루를 넣고 플랫비터로 돌려 10분간 혼합한다. 뵈르 마니에 반죽을 꺼낸 뒤 밀대로 밀어 크기 40 x 115cm, 두께 10mm의 직사각형 모양으로 만든다. 전동 스탠드 믹서 볼에 데트랑프 반죽 재료를 모두 넣고 도우 훅을 돌려 균일한 질감이 될 때까지 15분간 반죽한다. 반죽을 꺼낸 뒤 밀대로 밀어 가로 세로 38cm, 두께 10mm의 정사각형 모양을 만든다. 직사각형으로 길게 밀어 놓은 뵈르 마니에 반죽 가운데에 정사각형의 데트랑프 반죽을 놓고, 양 끝을 가운데로 접어 데트랑프를 완전히 감싼다. 뵈르 마니에로 감싼 데트랑프 반죽을 길게 밀어 첫 번째 3절 밀어접기 (premier tour)를 한 다음, 냉장고에서 1시간 휴지시킨다. 이 과정을 5회 더 반복해 총 6회의 3절 밀어접기 (tour simple)를 해준다. 매 과정 사이에 냉장고에 넣어 휴지시키는 것을 잘 지켜야 한다.

생토노레 준비하기

이 경우 푀유타주는 전날 미리 준비해둔다. 밀대로 반죽을 2mm 두께로 얇게 민 다음 냉장고에 24시간 넣어 휴지시킨다. 당일 이 반죽을 두 장의 베이킹 팬 사이에 넣고, 180°C로 예열한 컨벡션 오븐에서 10분간 굽는다. 구워낸 푀유타주를 1인용 작은 것은 지름 8.5cm, 8인용 큰 것은 지름 18cm 크기의 원형으로 커팅한다. 이들을 다시 두 장의 베이킹 팬 사이에 넣고 180°C 오븐에서 15분간 더 굽는다. 위에 덮은 베이킹 팬을 들어낸 다음, 푀유타주에 슈거파우더를 솔솔 뿌린다. 다시 180°C 컨벡션 오븐에서 5분 굽고, 250°C 데크 오븐 (또는 컨벡션 오븐)에서 윤기 나게 캐러멜라이즈해 마무리한다.

* 뵈르 마니에 (beurre manié) : 버터와 밀가루를 섞은 것을 말한다. 일반적으로 소스나 수프의 농도를 조절하는 농후제 (리에종)로 사용할 때는 버터와 밀가루를 동량으로 혼합한다.
** 데트랑프 (détrempe) : 주로 밀가루와 물로 만드는 반죽. 일반적으로 이 반죽을 늘여 버터 블록을 감싼 후 밀어 접기를 해 푀유타주 (파이 반죽)를 만든다.

크림

LES CRÈMES

페이스트리 크림 (크렘 파티시에)

CRÈME PÂTISSIÈRE

600g 분량

가루 젤라틴 7g
물 33g
우유 300g
생크림 (crème liquide) 75g
바닐라 빈 1줄기
설탕 60g
커스터드 분말 (poudre à crème) 18g
밀가루 18g
달걀노른자 60g
카카오 버터 20g
버터 35g
마스카르포네 20g

젤라틴을 분량의 따뜻한 물에 섞어서 20분 정도 불린다. 소스팬에 우유와 생크림을 넣고 뜨겁게 가열한다. 길게 갈라 긁은 바닐라 빈과 그 줄기를 모두 넣고 20분 동안 향이 우러나오게 둔다. 그동안 설탕, 커스터드 분말, 밀가루, 달걀노른자를 볼에 넣고 색이 연해질 때까지 거품기로 저어 잘 혼합한다. 바닐라 향이 우러난 우유 생크림 혼합물을 체에 거른 뒤 다시 가열해, 끓으면 두 번째 혼합물에 붓고 잘 섞는다. 이것을 다시 소스팬으로 전부 옮겨 담고 불에 올려 2분간 끓인다. 불에서 내린 후 카카오 버터를 넣고 잘 섞는다. 젤라틴, 이어서 버터를 넣고 마지막으로 마스카르포네를 넣는다. 핸드블렌더로 갈아 균일하게 유화한 다음 재빨리 냉장고에 넣어 30분간 식힌다.

바닐라 휩드 크림

CRÈME FOUETTÉE À LA VANILLE

생크림 (crème fleurette) 500g
설탕 17.5g
바닐라 빈 2.5줄기

전동 스탠드 믹서의 볼과 와이어 휩 핀을 미리 냉장고에 넣어 차갑게 준비한다. 소스팬에 생크림 분량의 1/3과 설탕, 길게 갈라 긁은 바닐라 빈과 줄기를 함께 넣고 가열한다. 끓으면 불을 끄고, 10분간 향이 우러나게 둔 다음, 체에 거르면서 나머지 분량의 생크림 위로 붓는다. 식힌다. 냉장고에 차갑게 넣어두었던 믹싱볼에 넣고 역시 차가운 거품기로 휘핑한다.

아몬드 크림

CRÈME D'AMANDE

300g 분량

버터 75g
설탕 75g
아몬드 가루 75g
달걀 75g

전동 스탠드 믹서 볼에 버터와 설탕, 아몬드 가루를 넣고 플랫비터를 돌려 혼합한다. 달걀을 조금씩 넣어주며 잘 섞는다. 경우에 따라 럼, 레몬 껍질 등의 시트러스 제스트, 잘게 썬 허브 등도 넣어 섞는다. 짤주머니에 넣어둔다.

버터 크림

CRÈME AU BEURRE

우유 45g
달걀노른자 35g
설탕 105g
버터 200g
달걀흰자 30g
물 20g

소스팬에 우유를 끓인다. 볼에 달걀노른자와 설탕 45g을 넣고 거품기로 잘 혼합한 다음, 그 위에 끓는 우유를 붓는다. 잘 섞은 후 다시 소스팬으로 옮겨 담고 불에 올린 다음, 약 83°C까지 가열해 크렘 앙글레즈를 만든다. 주걱을 들어 올렸을 때 흘러내리지 않고 묻어 있는 농도 (à la nappe)가 되어야 한다. 전동 믹서 볼에 버터를 넣고 이 크림을 조금씩 부어가며 와이어 휩으로 돌려 혼합한다. 덜어내어 따로 둔 다음, 믹싱볼을 깨끗이 씻는다. 달걀흰자를 볼에 넣고 와이어 휩을 돌려 거품을 올린다. 그동안 소스팬에 물과 나머지 분량의 설탕을 넣고 가열해 시럽을 만든다. 시럽의 온도가 121°C에 달하면 거품을 올리고 있는 달걀흰자에 가늘게 부어주며 온도가 식을 때까지 계속 혼합해 이탈리안 머랭을 완성한다. 먼저 만들어 둔 혼합물에 머랭을 넣고 실리콘 주걱으로 살살 섞는다.

머랭

LA MERINGUE

프렌치 머랭

MERINGUE FRANÇAISE

달걀흰자 200g
설탕 200g
슈거파우더 200g

전동 스탠드 믹서 볼에 달걀흰자를 넣고 와이어 휩을 돌려 거품을 올린다. 설탕을 넣어주며 조직이 치밀하고 단단한 머랭을 만든다.

슈거파우더를 넣고 실리콘 주걱으로 접어 돌리듯이 살살 섞는다.

캐러멜
LE CARAMEL

크리미 캐러멜
CARAMEL ONCTUEUX

생크림 400g
우유 100g
글루코즈 시럽 (물엿) 310g
바닐라 빈 2줄기
소금 (fleur de sel) 4g
설탕 190g
버터 140g

생크림, 우유, 물엿 100g, 바닐라, 소금을 모두 넣고 가열한다. 설탕과 나머지 물엿을 끓여 185°C가 되면 뜨겁게 데운 첫 번째 혼합물을 부어 디글레이징한다. 다시 가열해 105°C가 되면 체에 거른다. 캐러멜의 온도가 70°C까지 떨어지면 잘게 썰어둔 버터를 넣고, 핸드 블렌더로 갈아 잘 혼합한다.

생과일
LES FRUITS FRAIS

딸기즙
JUS DE FRAISE

냉동 딸기 1kg
설탕 10g

하루 전날. 냉동 딸기와 설탕을 밀폐용기에 담고 내열용 주방 랩으로 여러겹 덮은 뒤 100°C 오븐에 12시간 동안 넣어둔다. 당일. 채반에 면포를 얹고 딸기를 걸러 맑은 즙만 받아낸다.

라즈베리 즙
JUS DE FRAMBOISE

냉동 라즈베리 500g
설탕 20g

하루 전날. 냉동 라즈베리와 설탕을 밀폐용기에 담고 내열용 주방 랩으로 여러 겹 덮은 뒤 100°C 오븐에 12시간 동안 넣어둔다. 당일. 채반에 면포를 얹고 라즈베리를 걸러 맑은 즙만 받아낸다.

라즈베리 페팽
FRAMBOISE PÉPINS

판 젤라틴 1장
냉동 라즈베리 250g
설탕 150g
펙틴 (pectine NH) 5g
레몬 즙 10g

판 젤라틴을 찬물에 담가 말랑해지도록 불린다. 소스팬에 냉동 라즈베리와 설탕 분량의 반을 넣고 가열한다. 나머지 분량의 설탕은 펙틴 가루와 잘 섞은 뒤 라즈베리에 넣어준다. 끓는 상태를 1분간 유지한 뒤, 레몬 즙을 소스팬 위에서 체에 거르며 넣어준다. 불에서 내린 뒤 물을 꼭 짠 젤라틴을 넣고 잘 섞는다. 수비드용 비닐팩에 넣어둔다.

사과 즐레
GELÉE DE POMME

사과즙 275g
레몬 즙 50g
설탕 20g
펙틴 (pectine NH) 6g

소스팬에 사과즙과 레몬 즙을 넣고 가열한다. 설탕은 펙틴과 섞어 사과, 레몬 즙에 넣어준다. 끓는 상태를 최소 2분간 유지한 뒤 밀폐용기에 덜어낸 다음 냉장고에서 1시간 동안 식힌다. 공기가 최대한 유입되지 않도록 주의하면서 핸드블렌더로 갈아준다.

포치드 시트러스
AGRUMES POCHÉS

시트러스류 과일 (메이어 레몬*, 오렌지, 만다린 귤 등) 500g
물 1kg
설탕 1kg

과일의 꼭지를 제거하고 8등분으로 자른 뒤, 껍질에 살을 3mm 정도만 남긴 상태로 속을 잘라낸다. 껍질을 큰 소스팬에 찬물과 함께 넣고 끓여 3번에 걸쳐 데친다. 데친 다음 매번 건지고 찬물을 새로 넣어 같이 가열해 끓인다. 다른 소스팬에 물과 설탕 분량의 반을 넣고 끓여 시럽을 만든다. 데친 시트러스 껍질을 이 시럽에 담그고 뚜껑을 덮은 뒤 70°C를 넘지 않는 온도로 약하게 끓인다. 나머지 설탕을 여러 번에 나누어 추가해 시럽의 농도를 높인다. 이때도 매번 온도를 70°C로 올려 유지한 다음 다시 설탕을 넣어준다. 과일이 말랑하게 익으면 건진다. 남은 시럽을 따로 덜어내 103°C까지 끓인 다음 식힌다. 건져 둔 과일을 여기에 넣고, 사용할 때까지 보관한다.

* 메이어 레몬 (*citron Meyer, citrus meyeri*) : 레몬과 만다린 귤의 교잡종으로 원산지는 중국이다. 일반 레몬보다 맛이 달며, 주로 착즙하거나 마멀레이드를 만든다. 또한 타르트나 파이처럼 오븐에 굽는 디저트에도 많이 사용한다.

슈거 크러스트 루바브
RHUBARBE EN CROÛTE DE SUCRE

루바브 (대황) 줄기 5대
우박설탕 (sucre casson) 300g
달걀흰자 30g
설탕 15g
바닐라 슈거 5g
꿀 5g

하루 전날. 루바브를 깨끗이 씻는다. 우박설탕과 달걀흰자를 혼합한다. 체에 친 설탕을 용기 바닥에 깔고, 그 위에 루바브 줄기를 놓는다. 바닐라 슈거를 솔솔 뿌리고 루바브 줄기마다 꿀을 한번씩 둘러준다. 우박설탕 달걀흰자 혼합물을 루바브 위로 1cm 정도 올라올 정도의 두께로 덮어준다. 180°C로 예열한 데크 오븐에서 45~50분간 익힌다. 시간은 루바브의 굵기나 크기에 따라 조절한다. 오븐에서 꺼낸 뒤 루바브를 구멍이 있는 채반에 올려 하룻밤 동안 즙을 받아낸다. 사용 당일 이 즙을 덜어 보관하고, 과육을 따로 사용한다.

루바브 칩
CHIPS DE RHUBARBE

루바브 (대황) 100g

오븐을 70°C로 예열한다. 만돌린 슬라이서를 사용해 얇게 저민 루바브를 오븐에 넣고 4시간 동안 건조시킨다.

파인애플 칩
CHIPS D'ANANAS

파인애플 150g
물 126g
설탕 100g

오븐을 60°C로 예열한다. 칼이나 만돌린 슬라이서를 사용해 파인애플을 아주 얇게 저민다. 소스팬에 물과 설탕을 넣고 가열해 시럽을 만든 뒤, 얇게 저민 파인애플을 담근다. 실리콘 패드에 파인애플을 얇게 펴 놓고 오븐에 넣어 4시간 동안 건조시킨다.

견과류 및 단단한 껍질이 있는 열매
FRUITS SECS & À COQUE

코코넛 칩
CHIPS DE COCO

물 1kg
설탕 1kg
생 코코넛 5개

물과 설탕을 가열해 시럽을 만든다. 생 코코넛 열매를 파티스리용 밀대로 골고루 두드려 껍데기가 살에서 분리되도록 한다. 코코넛을 조각으로 깨트려, 필러로 과육을 길고 얇은 모양으로 저며낸다. 얇게 저민 코코넛에 시럽을 조금씩 부어 골고루 묻힌다. 실리콘 패드에 펼쳐 놓은 다음 습기가 없고 따뜻한 곳에서 24시간 건조시킨다. 좀 더 오래 보관하려면 습기가 통하지 않게 밀폐용기에 넣어둔다.

밤 칩
CHIPS DE MARRON

설탕 110g
물 100g
밤 500g

오븐을 180°C로 예열한다. 소스팬에 설탕과 물을 넣고 끓여 보메 30도 시럽*을 만든다. 얇게 저민 밤을 이 시럽에 담갔다가 실리콘 패드 위에 한 켜로 놓는다. 오븐에 넣어 10분간 로스팅한다.

구운 코코넛 가루
POUDRE DE COCO TORRÉFIÉE

코코넛 가루

컨벡션 오븐을 180°C로 예열한다. 코코넛 가루를 베이킹 팬에 펼쳐 깔고 오븐에 넣어 5분간 로스팅한다.

헤이즐넛 프랄리네
PRALINÉ NOISETTE

헤이즐넛 (껍질 벗기지 않은 것) 300g
설탕 150g
물 48g
소금 (fleur de sel) 6g

150°C로 예열한 오븐에 헤이즐넛을 넣고 30분간 로스팅한다. 설탕과 물을 110°C까지 끓여 시럽을 만든 다음 헤이즐넛을 넣는다. 꽤 진한 색이 날 때까지 캐러멜라이즈한 다음 실리콘 패드 위에 덜어 넓게 펼쳐 놓고 식힌다. 푸드 프로세서에 넣고 프랄리네 질감이 되도록 분쇄한 다음 전동 스탠드 믹서 볼에 넣고 플랫비터를 돌려 소금과 잘 섞는다.

* 보메 30도 시럽 (sirop à 30° baumé) : 보메 비중계로 측정해 30°가 된 상태의 시럽. 물에 설탕을 넣어 젓지 않고 팔팔 끓인 다음 설탕이 완전히 녹으면 불을 끈다.

구운 헤이즐넛
NOISETTES TORRÉFIÉES

헤이즐넛

오븐을 180°C로 예열한다. 베이킹 팬에 실리콘 패드나 유산지를 깔고 헤이즐넛을 펼쳐 놓는다. 오븐에서 15분간 로스팅한다.

가루
LES POUDRES

로즈마리 가루
POUDRE DE ROMARIN

로즈마리 100g

오븐을 70°C로 예열한다. 로즈마리를 오븐에 넣어 2시간 건조시킨 다음, 푸드 프로세서로 분쇄해 가루를 만든다.

버베나 가루
POUDRE DE VERVEINE

버베나 잎 100g

오븐을 70°C로 예열한다. 버베나 잎을 오븐에 넣어 2시간 건조시킨 다음, 푸드 프로세서로 분쇄해 가루를 만든다.

마무리 데코레이션
LES DÉCORS & FINITIONS

코팅하기
ENROBAGE OU FLOCAGE

화이트 커버처 초콜릿 (ivoire) 250g
카카오 버터 250g
식용색소

커버처 초콜릿과 카카오 버터를 녹인 다음, 레시피에 제시된 식용색소를 넣고 핸드블렌더로 혼합한다.

초콜릿으로 줄기 모양 만들기
TIGES EN CHOCOLAT

초콜릿 100g

초콜릿을 푸드 프로세서로 갈아 페이스트 질감을 만든다. 이때 초콜릿이 녹으면 안된다. 과일의 종류에 따라 원하는 크기의 줄기 모양을 만든다.

글라사주
GLAÇAGE

가루 젤라틴 10g
물 70g
우유 140g
생크림 (crème liquide) 280g
설탕 375g
글루코즈 시럽 (물엿) 100g
식용색소 또는 이산화티탄 (dioxyde de titane) 10g
전분 26g

젤라틴을 분량의 따뜻한 물에 섞어서 20분간 불린다. 우유와 생크림, 설탕 285g, 물엿, 식용색소 (색을 내야 하는 글라사주의 경우)나 이산화티탄 (흰색 글라사주의 경우)을 모두 넣고 끓인다. 나머지 설탕은 전분과 섞어 혼합물에 뿌려 넣는다. 끓으면 불에서 내리고 냉장고에 넣어 식힌다. 중간중간 잘 저어 섞어주며 40°C가 될 때까지 식힌다. 젤라틴을 넣고 핸드블렌더로 갈아 혼합한다. 글라사주를 원뿔체에 거른다. 디저트의 표면을 매끈하고 윤기나게 씌워준다.

초콜릿 템퍼링하기
MISE AU POINT DU CHOCOLAT IVOIRE OU NOIR

화이트 커버처 초콜릿 (chocolat de couverture ivoire)
다크 커버처 초콜릿 (chocolat de couverture noir)

화이트 커버처 초콜릿을 45°C가 될 때까지 녹인 다음, 대리석 작업대에 직접 쏟아 놓고 L자 스패출러와 반죽 커터 또는 스크레이퍼를 사용해 계속 긁어 모아 섞어가면서 온도를 26°C까지 낮춘다. 온도에 달한 초콜릿을 다시 볼에 옮겨 담고 중탕으로 29°C까지 가열해 사용한다. 다크 초콜릿의 경우도 같은 방법으로 템퍼링하는데, 온도는 맨 처음 녹여 50°C까지 만들고 28°C로 식힌 후, 30~31°C까지 중탕으로 데워 사용한다.

구운 아몬드 굵게 다지기
BRISURES D'AMANDE TORRÉFIÉES

아몬드

180°C로 예열한 오븐에서 아몬드를 10분간 로스팅한 다음, 푸드 프로세서로 작은 입자가 살아 있는 정도로 분쇄한다.

에클레어

8개 기준

이 책에는 여러 종류의 에클레어 디저트가 소개되어 있는데, 기본적으로 에클레어를 만드는 방법은 아래와 같다. 이 기본 레시피를 바탕으로, 각기 개성 있는 맛과 데코레이션의 다양한 에클레어를 만들 수 있을 것이다.

슈 반죽
PÂTE À CHOUX

반죽 400g 분량

우유 125g
물 125g
전화당 (trimoline) 15g
소금 5g
버터 110g
밀가루 150g
달걀 200g

소스팬에 우유, 물, 전화당, 소금, 버터를 넣고 가열한다. 끓으면 불에서 내린 뒤, 밀가루를 한번에 넣어준다. 다시 불에 올리고 주걱으로 힘차게 섞어주며 수분을 날린다. 전동 스탠드 믹서 볼에 옮겨 담고, 플랫비터로 돌리며 달걀을 조금씩 넣어준다. 반죽이 균일하게 섞이면 상온에서 1시간 동안 휴지시킨다. 프티 푸르용 요철 깍지 (no. 18. 요철 톱니가 18개 있는 깍지)를 끼운 짤주머니에 반죽을 채워 넣는다. 유산지를 깐 베이킹 팬에 38cm의 긴 띠 모양으로 슈 반죽을 한번에 짜 놓는다. 짤주머니를 균일한 힘으로 누르며 짜 반죽이 가늘어지는 부분이 없도록 주의한다. 냉동실에 30분간 넣어둔다. 치즈 나이프 등의 큰 칼을 사용해 에클레어를 12cm 길이로 자른다.

크럼블
CRUMBLE

버터 100g
밀가루 125g
비정제 황설탕 (sucre cassonade) 125g
식용색소 또는 이산화티탄

전동 스탠드 믹서 볼에 버터와 밀가루, 황설탕, 식용색소나 이산화티탄을 넣고, 플랫비터로 돌려 혼합한다. 이때 너무 많이 치대 반죽에 탄성이 생기지 않도록 한다. 반죽을 두 장의 유산지 사이에 놓고 파티스리용 밀대를 사용해 1mm 두께로 민다. 냉동실에 30분간 넣어둔다. 3 x 13cm 크기의 띠 모양으로 10개를 잘라낸 다음 아직 굽지 않은 에클레어 슈 위에 하나씩 얹는다.

기본 레시피

글라사주
GLAÇAGE

가루 젤라틴 10g
물 70g
우유 140g
생크림 280g
설탕 375g
글루코즈 시럽 (물엿) 100g
식용색소 또는 이산화티탄 10g
전분 26g

젤라틴을 분량의 따뜻한 물에 섞어서 20분간 불린다. 우유와 생크림, 설탕 285g, 물엿, 식용색소 (색을 내야 하는 글라사주의 경우)나 이산화티탄 (흰색 글라사주의 경우)을 모두 넣고 끓인다. 나머지 설탕은 전분과 섞어 혼합물에 뿌려 넣는다. 끓으면 불에서 내리고 냉장고에 넣어 식힌다. 중간중간 잘 저어 섞어주며 40°C가 될 때까지 식힌다. 젤라틴을 넣고 핸드블렌더로 갈아 혼합한다. 글라사주를 원뿔체에 거른다.

가보트 크리스피
GAVOTTES CROUSTILLANTES

달걀흰자 85g
슈거파우더 72.5g
밀가루 36g
전분 7g
물 365g
버터 37.5g
소금 3g

컨벡션 오븐을 180°C로 예열한다. 달걀흰자, 슈거파우더, 밀가루와 전분을 볼에 넣고 거품기로 잘 섞는다. 물에 버터와 소금을 넣고 끓인 다음, 첫 번째 혼합물에 넣어 섞는다. 반죽을 깍지 없는 짤주머니에 넣고 끝을 조금 잘라낸 다음 베이킹 팬 위에 가늘게 격자무늬로 짜 놓는다. 컨벡션 오븐에 넣고 가보트가 노릇한 색이 날 때까지 약 15분간 굽는다. 오븐에서 꺼낸 뒤 조각으로 잘게 뜯어 구기듯이 살짝 뭉쳐 작은 공 모양을 만든다.

차례

감귤류

베르가모트

레몬

라임

블랙 레몬

클레망틴

금귤

오렌지

자몽, 그레이프푸르트

핵과류

살구

미라벨 자두

천도복숭아, 넥타린

복숭아

TABLE DES MATIÈRES

속과 씨가 있는 이과류

유럽 모과

멜론

서양배

사과

열대과일 및 이국적인 과일

파인애플

아보카도

바나나

패션푸르트, 백향과

키위

리치

망고

붉은색, 검은색 과일

크랜베리

블랙커런트, 카시스

체리

딸기

라즈베리, 산딸기

레드커런트

야생과일

무화과

야생 딸기, 숲딸기

블랙베리

블루베리

건포도

루바브, 대황

견과류 및 단단한 껍질이 있는 열매

아몬드

밤

땅콩

헤이즐넛

피칸

호두

코코넛

잣

피스타치오

혼합 과일 디저트

용어 정리

재료

ACIDE ASCORBIQUE 아시드 아스코르비크

아스코르빅산 주로 시트러스 과일에서 추출되는 비타민 C를 원료로 만든 가루이며 과일의 산화를 막는 데 효과적이다. 전문 재료상이나 인터넷에서 구매할 수 있다.

ACIDE TARTRIQUE 아시드 타르트리크

타타르산, 주석산 제과제빵에서 유화제, 촉진제, 맛과 색의 안정제로 사용되는 가루.

AGAR-AGAR 아가르 아가르

한천 우뭇가사리과의 해초에서 추출한 천연 식물성 젤화제.

BAUMES DES ANGES® 봄 데 장주

천연 향료 제품으로, 몇 방울을 넣으면 그 재료의 맛을 낼 수 있다.

CHOCOLAT DE COUVERTURE 쇼콜라 드 쿠베르튀르

커버처 초콜릿 카카오 버터 함량이 높은 초콜릿으로 제과제빵이나 당과류 제조에 주로 사용된다. 전문 재료상이나 인터넷에서 구매할 수 있다.

COLORANT LIPOSOLUBLE 콜로랑 리포솔뤼블

지용성 색소 물에 녹는 수용성 색소와 달리, 지방에 녹는 분말형 식용색소. 초콜릿 데코레이션, 슈거 페이스트 또는 아몬드 페이스트 등의 색을 내는 데 사용된다. PCB® 브랜드의 식용색소는 좋은 품질로 인기가 높다.

DOLÇ MATARO 돌스 마타로

스페인의 스위트 레드 와인으로 붉은 과일 또는 설탕에 졸인 과일 콩피 맛이 난다.

GLUCOSE ATOMISÉ 글뤼코즈 아토미제

포도당 분말, 글루코즈 시럽 파우더 이 분말형 글루코즈는 단맛을 너무 강하게 내지 않으면서도 아이스크림의 질감과 보존성을 향상시키는 효과가 있다. 전문 재료상이나 인터넷에서 구매할 수 있다.

ISOMALT 이조말트

이소말트 설탕을 늘이거나 실처럼 만드는 데코레이션 등 다양한 설탕 공예를 할 때 많이 사용되는 이상적인 설탕 대체품.

KAPPA 카파

카파형 카라지난 (Carrageenan) 식물성 응고제로 주로 젤리나 글라사주 등의 디저트 코팅 재료를 만들 때 사용된다.

MIEL « BÉTON » 미엘 베통

'콘크리트' 꿀이라는 뜻을 가진 미엘 베통은 도심에서 꿀을 채집하는 도심 양봉 프로젝트에 의해 생산되는 꿀로, 다양한 향으로 유명하다.

NAPPAGE NEUTRE 나파주 뇌트르

무색 나파주. 글라사주 뇌트르 (glaçage neutre)라고도 불린다. 설탕, 물, 글루코즈 시럽 (주로 옥수수 시럽)으로 만든 무색 나파주로 파티스리의 표면을 코팅해 매끈하고 윤기나게 마무리하고, 형태를 유지해주는 역할을 한다.

OXYDE DE TITANE (ET DIOXYDE)
옥시드 드 티탄 (디옥시드 드 티탄)

이산화티탄 파티스리에서 색소로 사용되는 화학물질로, 흰색을 내며 매끈한 광택 효과가 있다. 전문 재료상이나 인터넷에서 구매할 수 있다.

PECTINE NH 펙틴 NH

펙틴 사과나 포도 등에서 추출한 천연 식물성 응고제, 증점제로 주로 즐레나 잼을 만들 때 사용한다. 전문 재료상이나 인터넷에서 구매할 수 있다.

POIVRE SARAWAK 푸아브르 사라와크

사라왁 후추 말레이시아산 검은 후추로 우디 향과 과일향이 난다.

POUDRE À CRÈME 푸드르 아 크렘

커스터드 분말, 크림 분말 농도를 걸쭉하게 해주는 전분에 색소와 향료를 섞어 만든 분말로, 주로 크림 디저트나 플랑을 제조할 때 쓰인다. 전문 재료상이나 인터넷에서 구매할 수 있다. 옥수수 녹말 (Maïzena®)이나 밀가루로 대체할 수 있다.

POUDRE SCINTILLANTE 푸드르 생티앙트

펄 파우더 반짝이는 효과를 내는 식용 파우더로 파티스리 표면에 붓으로 발라준다.

STABILISATEUR 스타빌리자퇴르

스태빌라이저, 안정제 식품의 농도나 질감을 일정하게 유지하는 역할을 하는 식품첨가제.

SUPER NEUTROSE 쉬페르 뇌트로즈

아이스크림이나 소르베에 사용되는 분말형 안정제로 혼합물의 잔여 수분을 흡수해 질감을 밀도 있게 해준다.

TRIMOLINE® (OU SUCRE INVERTI)
트리몰린 (쉬크르 앵베르티)

전화당 흰색 페이스트 형태의 설탕으로 재료를 부드럽고 말랑하게 하며 보존성을 높인다. 아카시아 꿀로 대체해도 된다.

VERJUS 베르쥐

청포도 알갱이에서 추출한 익지 않은 포도즙으로 시큼한 맛이 난다.

XANTHANE 장탄

잔탄검 유화안정성과 점도를 증대시키는 가루 형태의 식품첨가제.

YUZU 유주

유자 아시아 지역에서 주로 생산되는 감귤류 과일로 특히 일본 요리에 많이 사용된다.

테크닉

ABAISSER 아베세

파티스리용 밀대나 압착 롤러를 이용해 반죽을 납작하게 밀다.

BAIN-MARIE (FAIRE CUIRE AU)
(페르 퀴르 오) 뱅 마리

중탕으로 익히다 음식을 담은 용기째로 끓는 물에 담가 천천히 익히는 중탕 조리법.

BEURRE NOISETTE (RENDRE UN)
(랑드르 앙) 뵈르 누아제트

브라운 버터, 헤이즐넛 버터를 만들다 버터가 녹으면 바닥의 유청이 캐러멜라이즈 되면서 헤이즐넛과 같은 특유의 고소한 향을 낸다. 너무 타서 갈색이 짙어지면 독성을 띨 수 있으니 주의해야 한다.

BEURRE POMMADE (RENDRE UN)
(랑드르 앙) 뵈르 포마드

버터를 포마드 상태로 부드럽게 하다 상온에 두어 부드러워진 버터를 잘 섞어 매끈하게 만들다.

BLANCHIR 블랑시르

파티스리에서 이 용어는 달걀노른자와 설탕을 거품기나 주걱으로 힘차게 섞어 연해지고 걸쭉해질 때까지 혼합하는 것을 의미한다.

BRUNOISE (TAILLER EN) (타이예 앙) 브뤼누아즈

브뤼누아즈로 썰다 채소 등의 재료를 아주 작은 큐브 모양으로 썰다.

CHIQUETER 시크테

파이나 타르트 등의 시트 반죽 가장자리에 손가락이나 집게, 또는 나이프를 사용해 빙 둘러 자국을 내거나 홈을 파주다.

COMPOTER 콩포테

콩포트 농도가 될 때까지 오랜 시간 뭉근히 졸이듯이 익히다.

CROÛTER 크루테

반죽 등의 재료를 익히기 전에 표면을 미리 건조시켜, 손을 댔을 때 묻어나지 않을 정도로 굳게 하다.

CUIRE À BLANC 퀴르 아 블랑

타르트나 파이의 시트만 먼저 구워내다. 블라인드 베이킹. 밀어 펴서 틀에 앉힌 시트 반죽에 유산지를 깔고 그 위에 베이킹용 누름돌이나 마른콩 등을 얹어 무게로 누른 다음 구우면 익으면서 부풀어 오르는 것을 막을 수 있다.

CUIRE À LA NAPPE 퀴르 아 라 나프

소스나 크림 등의 혼합물이 색을 내지 않고 주걱에 묻을 정도의 농도가 될 때까지 익히다. 주걱 면에 묻은 상태에서 손가락으로 긁어냈을 때 흐르지 않고 그 흔적이 그대로 남아 있어야 한다.

DÉCUIRE 데퀴르

익히고 있는 액체에 다른 액체나 고체 재료를 넣어 급격히 온도를 떨어트리다.

DÉTENDRE 데탕드르

농도가 진한 혼합물이나 음식에 액체를 추가해 농도를 묽게 만들다.

ÉMULSIONNER 에뮐시오네

에멀전화하다, 유화하다. 섞이기 힘든 물질에 공기를 불어넣으며 세게 저어 완전히 혼합하다.

ENROBER 앙로베

물질의 표면 전체를 비교적 두꺼운 두께로 덮어 감싸다. 케이크 등의 표면을 코팅해 형태를 보존하고 데코레이션 효과를 내줄 수 있다.

ÉQUEUTER 에쾨테

과일, 채소, 잎 등의 끝을 따 제거하다.

FILMER AU CONTACT 필르메 오 콩탁트

소스나 크림 등의 혼합물 표면에 주방용 랩을 밀착되게 붙여 덮어 공기와의 접촉을 막아주다. 이같은 보관 방법은 음식물이 굳거나 표면에 막이 생기는 것을 방지해준다.

FONCER 퐁세

타르트나 케이크 틀의 옆면과 바닥에 얇게 민 시트 반죽을 깔아주다.

LIER 리에

육즙 소스 (jus), 육수, 소스 등에 밀가루, 전분, 지방질, 달걀노른자 등의 재료를 넣어 부드럽고 걸쭉한 농도를 더하다.

LISSER 리세

액체 혼합물 등을 거품기로 힘차게 저어 섞어 매끈하고 균일한 질감으로 만들다. 또는 스패출러나 실리콘 주걱 등을 사용해 음식물의 표면을 평평하고 매끈하게 만들다.

MACÉRER 마세레

생과일, 설탕에 조린 과일, 또는 말린 과일 등을 액체에 비교적 장시간 담가 두어 그 액체의 맛과 향이 스며들게 재우다.

MONDER 몽데

토마토 등의 재료를 끓는 물에 살짝 데친 뒤 껍질을 벗기다.

MONTER 몽테

한 가지 재료나 혼합물을 거품기로 저어 쳐서 공기가 주입되고 부피가 늘어나게 만들다.

NAPPER 나페

소스, 글라사주 등의 액체로 음식의 표면을 완전히 덮어 코팅하다.

PÉTRIR 페트리르

여러 재료를 혼합해 균일한 반죽을 만들다. 반죽기를 돌려 혼합하는 시간에 따라 탄성이 달라진다.

POCHER 포셰

뜨거운 액체에 재료를 넣어 데치거나 삶다. 또는 짤주머니를 사용해 재료를 일정한 모양으로 짜 놓다.

POUSSER 푸세

반죽을 더운 곳에 두어 부풀도록 하다.

RÉDUIRE 레뒤르

국물이나 소스 등의 액체를 뚜껑을 열고 가열해 졸이다.

RUBAN (MONTER, FAIRE) (몽테, 페르) 뤼방

혼합물을 거품기로 들어 올렸을 때 마치 띠 모양의 리본처럼 흘러 접히듯이 떨어지는 농도가 될 때까지 거품기로 충분히 저어 섞다.

SABLER 사블레

여러 재료를 섞은 혼합물이 모래 알갱이처럼슬 부슬부슬하게 흩어지는 질감이 되도록 만들다.

SERRER 세레

달걀흰자를 거품낼 때 설탕을 조금씩 넣으며 힘차게 섞어 단단하고 균일한 질감을 만들다.

TAMISER 타미제

체에 걸러 덩어리나 알갱이를 제거하고 곱고 균일한 가루를 받아내다.

TEMPÉRER LE CHOCOLAT 탕페레 르 쇼콜라

초콜릿을 템퍼링하다 초콜릿 템퍼링은 일정한 온도로 만들어 카카오 버터, 카카오, 설탕, 우유 파우더가 균일하게 결정화해 굳도록 하는 작업으로 초콜릿의 종류에 따라 그 온도는 달라진다. 템퍼링의 목적은 부드럽고 매끈하며 반짝이는 질감의 초콜릿을 만드는 데 있다.

TORRÉFIER 토레피에

로스팅하다. 볶다 마른 씨앗이나 견과류를 기름 없이 로스팅해 수분을 제거하다.

TURBINER 튀르비네

아이스크림이나 소르베 혼합 믹스를 아이스크림 기계에 돌리거나 냉동실에 넣어 굳게 하다.

도구

CHALUMEAU 샬뤼모

토치 가스를 이용해 불꽃을 내는 주방용 화기. 디저트나 그라탱의 표면을 그슬리는 캐러멜라이징, 요리에 알콜을 붓고 불을 붙여 잡내를 없애고 향을 좋게하는 플랑베, 또는 고기의 갈색을 내주는 용도 등으로 사용한다. 불꽃이 나오는 입구와 가스를 충전하는 부분으로 구성되어 있다.

CHINOIS ET CHINOIS ÉTAMINE
시누아, 시누아 에타민

체, 원뿔체 소스나 육수 등 주로 액체류를 거르는 용도의 스텐 재질의 고운 체.

COUTEAU D'OFFICE 쿠토 도피스

페어링 나이프 짧고 뾰족한 날을 가진 작은 크기의 칼. 예리한 날을 이용해 각종 식재료의 껍질 벗기기, 자르기, 잘게 썰기 등에 두루 사용하는 활용도가 높은 칼이다.

CUILLÈRE À POMME PARISIENNE
퀴예르 아 폼 파리지엔

멜론 볼러 끝이 동그란 반구형으로 되어 있어 과일이나 채소의 살을 동그랗게 도려내는 데 적합한 주방도구. 반구형 커팅 부분의 크기는 종류에 따라 다르다.

CUL-DE-POULE 퀴 드 풀

밑이 둥근 믹싱볼 일반적으로 스텐으로 된 반구형 볼로 요리, 제과제빵에서 재료를 혼합하는 데 두루 쓰인다. 밑이 둥근 형태라 거품기를 사용하기에 편리하다.

DOUILLE 두이유

짤주머니의 깍지 짤주머니 끝에 끼우는 깍지로 둥근 모양, 비스듬하게 커팅된 모양, 구멍이 뚫린 모양, 톱니 모양 등 그 종류가 다양하다. 요리나 디저트 등의 정교한 데코레이션을 할 때 요긴한 도구다.

EMPORTE-PIÈCE 앙포르트 피에스

쿠키 커터 반죽을 모양대로 자르는 커터로 보통 스텐이나 플라스틱으로 되어 있으며, 매끈한 원형, 요철이 있는 형태 등 그 크기와 모양이 다양하다.

FEUILLE DE RHODOÏD® 푀이유 드 로도이드

파티스리용 투명 띠지, 또는 무지 전사지 과일 무스케이크, 샤를로트 또는 바바루아 등의 케이크를 만들 때 무스링의 안쪽 벽에 이 매끈하고 반짝이는 투명 아세테이트 띠지를 두르면 가장자리의 형태를 깔끔히 유지할 수 있으며 틀을 제거하기도 쉽다.

MANDOLINE 만돌린

만돌린 슬라이서 재료를 일정한 두께로 얇게 썰거나 저밀 때 사용하는 도구. 다양한 종류의 채칼을 끼워 사용하기도 한다.

MARYSE 마리즈

알뜰 주걱 실리콘으로 만든 납작한 주걱으로 거품 올린 달걀흰자 등을 혼합물에 넣어 살살 돌려가며 섞을 때 주로 사용한다. 또한 용기에 남은 음식물이나 소스를 깔끔하게 덜어낼 때도 요긴하게 쓰인다.

MICROPLANE® 마이크로플레인

마이크로플레인 그레이터, 제스터 시트러스류 과일의 껍질 제스트를 아주 곱게 갈아내거나 단단한 치즈 덩어리를 가늘게 갈 때 사용하는 가는 도구.

MIXEUR PLONGEANT 믹쇠르 플롱장

핸드블렌더 혼합물을 덩어리 없이 곱게 갈아 혼합할 수 있다. 긴 막대 형태의 손잡이 부분과 회전날이 있는 헤드 부분으로 구성되어 있다.

PALETTE COUDÉE 팔레트 쿠데

L자 스패출러 길쭉하고 무딘 날이 달리고 손잡이 부분이 살짝 L자 형태로 꺾인 주방 소품으로 끝이 둥글거나 혹은 직각으로 되어 있다. 음식의 형태를 그대로 유지한 채 뒤집거나, 케이크에 크림 등을 발라 씌울 때 사용한다.

PAPIER CUISSON 파피에 퀴송

조리용 시트, 베이킹 시트 얇은 실리콘 코팅을 입힌 조리용 유산지. 높은 온도를 견디고 기름을 바르지 않아도 음식이 달라붙지 않는다.

PAPIER GUITARE 파피에 기타르

초콜릿용 투명 전사지 초콜릿 작업에 사용하는 투명한 아세테이트 필름으로 여기에 닿았던 초콜릿의 표면은 매끈하고 윤기나게 마무리된다.

PISTOLET OU AÉROGRAPHE
피스톨레, 아에로그라프

스프레이건, 파티스리용 분사기 케이크나 초콜릿 등에 식용색소나 코팅 혼합물을 분사해 표면을 씌우는 데 사용한다.

POCHE À DOUILLE 포슈 아 두이유

짤주머니 원뿔형의 말랑한 방수 주머니로 끝 부분에 깍지를 끼우고 내용물을 채운 뒤 원하는 모양으로 짜는 데 사용한다.

TAMIS 타미

체 간격이 촘촘한 철제 망이 있는 둥근 모양의 도구로 가루나 기타 혼합물의 불순물과 알갱이를 제거하고 곱게 거르는 데 쓰인다.

TAPIS SILPAT® 타피 실파트

실리콘 패드, 실팻® 음식물을 오븐에 익히거나 냉동할 때 바닥에 깔아주는 실리콘 패드의 대표적인 상품명. 조리용품 전문 매장에서 판매하며, 다른 상표의 실리콘 패드를 사용해도 무방하다.

adidas

디저트 종류별

브리오슈, 빵, 비에누아즈리
BRIOCHES, PAINS ET VIENNOISERIES

프티 가토, 비스퀴
PETITS GÂTEAUX & BISCUITS

에클레어
ÉCLAIRS

타르틀레트
TARTELETTES

타르트
TARTES

찾아보기

가토, 앙트르메, 프티 앙트르메
GÂTEAUX, ENTREMETS & PETITS ENTREMETS

플레이팅 디저트
DESSERTS À L'ASSIETTE

과일 모양 디저트
FRUITS SCULPTÉS

TYPE DE DESSERT

재료별 찾아보기

감사의 글

무한한 신뢰를 보내주신 호텔 르 뫼리스(Le Meurice)
프랑카 올트만(Franka Holtmann) 총지배인에게,
소중한 순간순간을 제게 부여해주신
알랭 뒤카스(Alain Ducasse) 셰프에게,
이번 책 작업뿐 아니라 언제나 멋진 팀 워크를 보여주는
나의 환상적인 수셰프 요한 카롱(Yohann Caron)과
티보 오샤르(Thibault Hauchard)에게,
아마도 그들이 없었다면 이 책은 탄생하지 못했을
나의 소중한 팀원들에게,
꼭 필요한 조언들을 아끼지 않은
모린 바티외(Maureen Wathieu)에게,
늘 최상의 과일을 공급해주는 메종 콜롱(Maison Colom)에,
특별하고 귀한 생산품을 제공해주는 베르나데트(Bernadette)에,
이 책을 펴낼 수 있는 기회를 허락한
르 뫼리스 호텔 측에,
나의 디저트를 잘 이해하고 멋진 사진으로 표현해준
사진작가 피에르 모네타(Pierre Monetta)에게,
이 책을 아름답게 편집해준 피에르 타숑(Pierre Tachon)과
수엥 그라픽(Soins graphiques) 측에,
나의 파티시에 행보에 늘 함께해준
에밀리 쉬에레프 포비악(Emily Xueref-Poviac)에게

깊은 감사의 마음을 전합니다.

번역 강현정

이화여자대학교에서 프랑스어를 전공하고 한국외대통역대학원 한불과를 졸업한 후 동시통역사로 활동했다. 르 꼬르동 블루 파리에서 요리 디플로마와 와인 코스를 수료했으며 알랭 상드랭스(Alain Senderens)의 미슐랭 3스타 레스토랑 뤼카 카르통(Lucas Carton)에서 한국인 최초로 견습생으로 일한 경험이 있다. 그 후 베이징과 상하이에서 오랜 기간 생활하면서 다양한 미식 경험을 쌓았고, 귀국 후 프랑스어와 음식 문화 전반에 대한 사랑과 관심을 토대로 미식 관련 서적을 꾸준히 번역해 소개하고 있다. 역서로는 미식잡학사전, 페랑디 요리 수업, 디저트에 미치다, 심플리심: 세상에서 가장 쉬운 프랑스 요리책, 초콜릿의 비밀, 피에르 에르메의 프랑스 디저트 레시피 등이 있다. 2017년 월드 구르망 쿡북 어워드(World Gourmand Cookbook Awards)에서 페랑디 요리 수업(*Le Grand cours de cuisine Ferrandi*)으로 출판 부문 최우수 번역상을 받았다.

자문 조은정

이화여자대학교에서 중어중문학을 전공한 후 파티스리계에 입문했다. 에콜 르노트르(Ecole Lenotre)에서 제과 디플롬 과정을 수료하고 미국 호텔 및 국내 여러 디저트 카페, 레스토랑, 백화점 등에서 다양한 경험을 쌓았다. 현재 이러한 경험과 노하우를 고스란히 담아낸 베이킹 스튜디오 허니비케이크 대표로 다양한 베이킹 수업을 진행 중이다. 지은 책으로는 카페디저트 마스터클래스, 오후에 즐기는 한조각의 여유 쿠키가 있다.

FRUITS
세드릭 그롤레 과일 디저트

1판 1쇄 발행일 2018년 5월 25일
1판 3쇄 발행일 2023년 2월 28일
저　자 : 세드릭 그롤레
번　역 : 강현정
자　문 : 조은정
발행인 : 김문영
펴낸곳 : 시트롱마카롱
등　록 : 제2014-000153호
주　소 : 경기도 파주시 책향기로 320, 2-206
페이지 : www.facebook.com/CimaPublishing
이메일 : macaron2000@daum.net
ISBN : 979-11-953854-7-8 03590